“十三五”国家重点出版物出版规划项目

常见蜻蜓
野外识别手册

张浩淼　著

重庆大学出版社

图书在版编目（CIP）数据
常见蜻蜓野外识别手册 / 张浩淼著. — 重庆 ：
重庆大学出版社，2020.8（2022.8重印）
（好奇心书系·野外识别手册）
ISBN 978-7-5689-2233-3

Ⅰ. ①常… Ⅱ. ①张… Ⅲ. ①蜻蜓目－识别－手册
Ⅳ. ①Q969.22-62

中国版本图书馆CIP数据核字(2020)第105424号

常见蜻蜓野外识别手册

张浩淼 著

策划：鹿角文化工作室

责任编辑：梁 涛　　版式设计：周 娟 刘 玲 何欢欢
责任校对：王 倩　　责任印制：赵 晟

*

重庆大学出版社出版发行
出版人：饶帮华
社址：重庆市沙坪坝区大学城西路21号
邮编：401331
电话：(023) 88617190 88617185
传真：(023) 88617186 88617166
网址：http://www.cqup.com.cn
邮箱：fxk@cqup.com.cn（营销中心）
全国新华书店经销
重庆市联谊印务有限公司印刷

*

开本：787mm×1092mm 1/32 印张：9.25 字数：274千
2020年8月第1版 2022年8月第3次印刷
印数：5 401—8 400
ISBN 978-7-5689-2233-3 定价：58.00元

Foreword 推荐序

蜻蜓由于它的美丽、妖娆、灵活、敏捷，成为人们喜欢的一种常见昆虫。宋代著名诗人杨万里的诗句“小荷才露尖尖角，早有蜻蜓立上头”脍炙人口，它既描绘了一幅美丽的画卷，也显示了人们对蜻蜓的热爱。因此，蜻蜓的故事、以蜻蜓为主题的各种文学作品，形成了中国多彩文化的一个方面。

唐朝韩偓有一首以蜻蜓为题的诗，描绘的蜻蜓是“碧玉眼睛云母翅，轻于粉蝶瘦于蜂”。这是人们对蜻蜓最朴素的认知，对蜻蜓本身的了解却非常有限。随着人们对生态环境保护认识水平的不断提高，对生物多样性的认识和保护也越来越重视。作为地球上昆虫家族中的重要成员——蜻蜓，人们在喜欢、热爱的同时，也在追求对它们的深入了解和细心呵护！

张浩淼博士是专门从事蜻蜓研究的青年才俊。为了了解中国的蜻蜓，他不畏艰难，跋山涉水，探究蜻蜓的种类，记录蜻蜓的分布，观察蜻蜓的习性，拍摄了大量珍贵的生态照片，收集了丰富的标本和资料，完成了《中国蜻蜓大图鉴》，是第一次对中国蜻蜓的系统研究和总结。

根据读者的要求和同行们的建议，为了满足初学者、爱好者、学生们的需要，张浩淼博士编写了《常见蜻蜓野外识别手册》，包括了19科105属218种（亚种），在科属分类阶元上，分别占82.6%和60%。书中针对每个属都有代表性种，每个种都有非常清晰的、特征明显的彩色生态图。大家只要采到一头蜻蜓标本，通过这本手册，就会知道它属于什么科、什么属，对常见种类甚至可以鉴定到种。

张浩淼博士在编写构思、图版安排、文字描述等方面颇费心思，考虑到读者的知识需求，从中国已记录的 23 个科选择了 19 个科，从已知的 175 个属选择了平时可能见到的 105 个属。在种的选择上，既考虑到我国南北不同地域常见且具有代表性的种类，又考虑到特征明显、容易区别的种类；既体现了知识结构的合理性，又保障了知识体系的完整性，是一本很好的识别手册。

在《常见蜻蜓野外识别手册》出版之前我有幸先睹为快，为张浩淼博士热爱专业、专心致研的科学精神而感动，为其不怕吃苦、孜孜以求的敬业精神而感动。它标志着我国昆虫学领域青年学者已经成为我们未来的希望！

杨星科

2020 年春于北京

Preface **前言**

生命之河

我们生活在一个双色的星球。蓝色是水，是生命的摇篮；绿色是林，是地球之肺。蓝色渗透进绿色，从顶端萌发出涓涓细流，坠落深潭，一泻千里，之后穿梭于林，蜿蜒万里，滚滚入海。绿色包围的蓝色生命之河，是地球的血脉。林中有径，径下盘溪，溪上舞者萦绕。善舞者从水生，款款飞。林为舞者庇护，舞者为林装扮。舞者生来娇艳，光芒闪烁，隐秘在山水之间修身，似雄鹰者翱翔于河谷高处，似雀儿者游走于地球之肾。它们点燃丛林的希望之光，是森林永不停歇的命脉。

水上舞者入凡间，自古亦作“蜻蜓”。舞者入诗词，入画，与民为伴。民取舞者貌，观之爱之，体如针般细者唤之“豆娘”，体壮如棍者唤之“蜻蜓”。民善待舞者，舞者为民消灾，入稻田，伏井底，栖枝头，关民生。绿衣舞者送暖意，示春来；红衣舞者带秋意，示寒来。舞者世代与民为伴，共享天地。

赴舞者之约，我从远方赶来。初见舞者峭立，爱之怜之，立誓此生与舞者为伴。后寻舞者万里，踏遍生命之河为寻其所。舞者为我驻足微笑，我为舞者画影修书。舞者赐我天空之眼，辨识蓝绿交织的万千世界。我随舞者逆流而上，刻画舞者最动人的生命旋律。在蓝色和绿色的融合之境，舞者如精灵般飘动，迸发出世上最耀眼的光。蓝色和绿色缺一不可，它们共同奏响了舞者的生命乐章。

众生皆有灵性，舞者与水的故事将延续千年。水穷不见舞者，水尽舞者亡。愿生命之河，生生不息！

2020年3月于昆明

目 录 CONTENTS

DRAGONFLIES

入门知识
INTRODUCTION

蜻蜓目简介

蜻蜓是迄今最古老的飞行昆虫，最早的古蜻蜓发现于古生代石炭纪的化石中，距今至少已有3亿年的历史。蜻蜓在昆虫纲中容易辨识。头部、胸部和腹部分节明显。与昆虫纲其他昆虫区分的特征包括甚大的复眼、短小的触角、细长的腹部和狭长的翅，翅在前缘脉中央具翅结。停歇时翅向体侧伸展或者合拢竖立于胸部背面。蜻蜓目可能会与脉翅目混淆，但后者具有更长的触角，翅上无翅结，停歇时翅合拢呈帐篷状。雄性蜻蜓是唯一在腹部第2节和第3节下方具次生殖器的昆虫。

蜻蜓的生活史包括卵、稚虫和成虫3个阶段，属于不完全变态发育。蜻蜓稚虫生活在水中，其一生在水下生活的时间最长，有些要经历数年才能发育成熟。稚虫的口器构造特殊，具有一个延长、折叠且可伸缩的下唇，下唇须叶的末端具尖刺。这个构造也称面罩，通常折叠于头部下方，但可突然伸出捕捉猎物。

除了南极洲，蜻蜓目广泛分布于世界各地，热带和亚热带地区种类最多。蜻蜓目是昆虫纲中较小的一个目，全世界已发现6000余种，分为3个亚目：差翅亚目、束翅亚目、间翅亚目。

差翅亚目：俗称蜻蜓，包括一群体型较大且粗壮、停歇时翅向体侧展开的种类。头部侧面观半球形，正面观近似圆形或椭圆形；两复眼距离较近，有时在头顶交汇或通过后头缘分离；面部显著，额隆起。前翅和后翅的形状和翅脉不同，后翅的臀区较前翅宽阔。雄性腹部末端具1对上肛附器和1个下肛附器。

束翅亚目：俗称豆娘，包含一群体型相对较小且纤细的种类。很多豆娘休息时翅合拢竖立于胸部背面。除了少数类群，它们的头部正面观哑铃形，面部不显著，未显著隆起。前翅和后翅形状和翅脉基本相同，有些种类翅向基方收窄形成翅柄。多数种类腹部较纤细。雄性腹部末端具1对上肛附器和1

● 蜻蜓的代表　赤褐灰蜻

● 豆娘的代表　周氏镰扁蟌

● 蜻蜓稚虫　斑翅裂唇蜓

● 豆娘稚虫　丽拟丝蟌

对下肛附器，雌性具产卵管。

间翅亚目：其体态集合了差翅亚目和束翅亚目的特征。前后翅形状相似，似豆娘，但身体粗壮，似蜻蜓。目前本亚目仅包含 1 科 1 属，全球已知 4 种，但其中 2 种的身份存疑。间翅亚目被认为是古代蜻蜓在现代的唯一后裔，并在地球上存活了超过 1 亿 2000 万年。

蜻蜓的身体结构

蜻蜓的身体分成头、胸、腹 3 个明显的体节。头部具发达的复眼和口器；胸部具 3 对足和 2 对翅；腹部具 10 个明显的体节，第 10 节末端具肛附器。

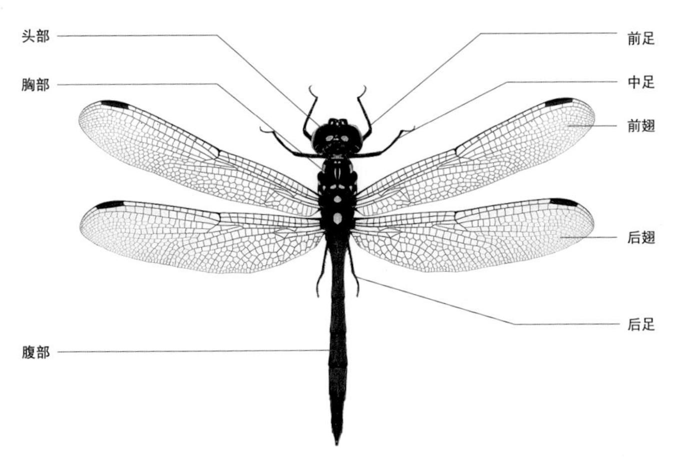

● 蜻蜓整体结构

头部构造

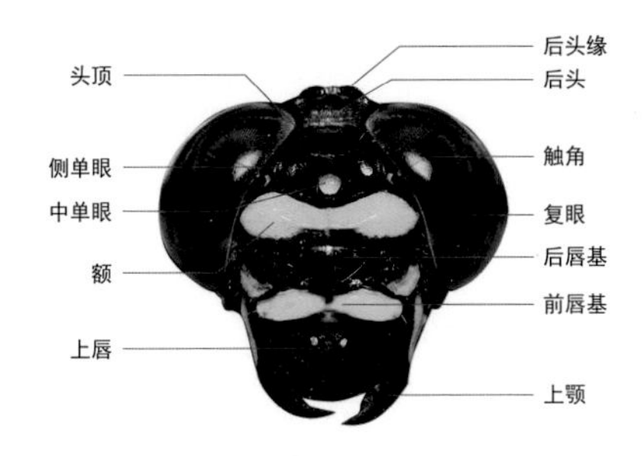

● 蜻蜓头部构造

蜻蜓的头部主要包括**唇基**、**额**、**头顶**、**后头**和2个甚大的**复眼**。唇基又分为2个部分：下方的**前唇基**和上方的**后唇基**。额位于后唇基之上，下方倾斜的部分为**前额**，上方的平台为**上额**。**头顶**相对较小，位于上额的上方，着生3个单眼和1对触角。**后头**是头部最后方的部分，位于头顶之上。在差翅亚目的一些类群，后头被在头顶上方相交的复眼与头顶分离。头部的附肢包括2个**触角**、**上唇**、1对**上颚**和**下颚**、1条**舌**和**下唇**。

胸部构造

胸部分为明显的2个区域，前面较小的部分称为**前胸**，后面较大的盒形部分称为**合胸**，由**中胸**和**后胸**合并而成。前胸分为3部分：背面**前胸背板**、

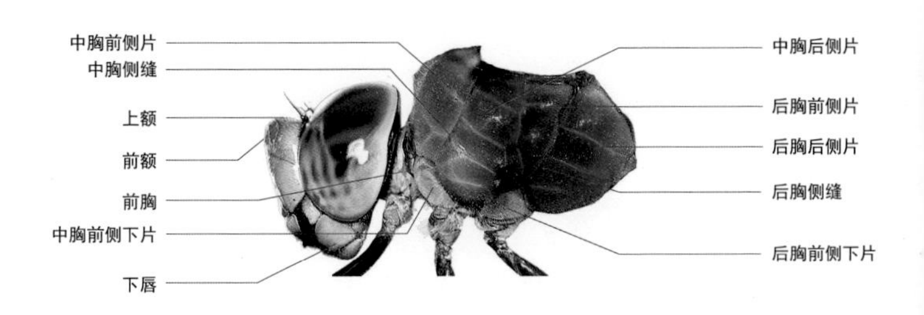

● 蜻蜓头部和胸部构造

侧面的**前胸侧板**和腹面的**前胸腹板**。前胸着生 1 对前足。合胸具 2 对翅和 2 对足。**中胸**被**中胸侧缝**分为前方的**中胸前侧片**和后方的**中胸后侧片**，此外还包含 1 个**中胸前侧下片**。中胸前侧片在背面相连形成合胸**背脊**。后胸与中胸

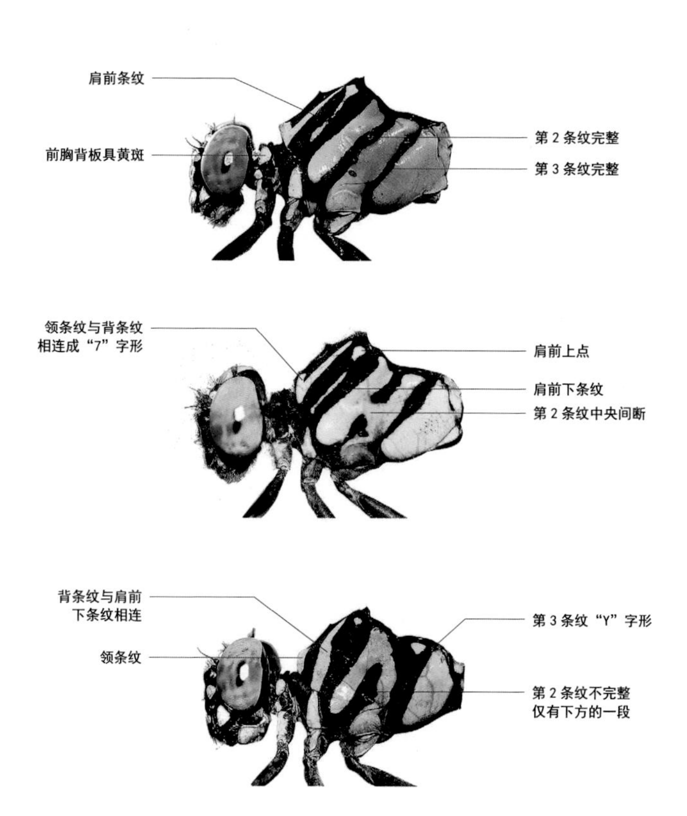

● 春蜓科胸部条纹

相似，**后胸侧缝**分为**后胸前侧片**和**后胸后侧片**，还包含 1 个**后胸前侧下片**。胸部的附肢包括 3 对足和 2 对翅。足包括**前足**、**中足**和**后足**各 1 对。胸部条纹在很多类群是重要的分类特征。

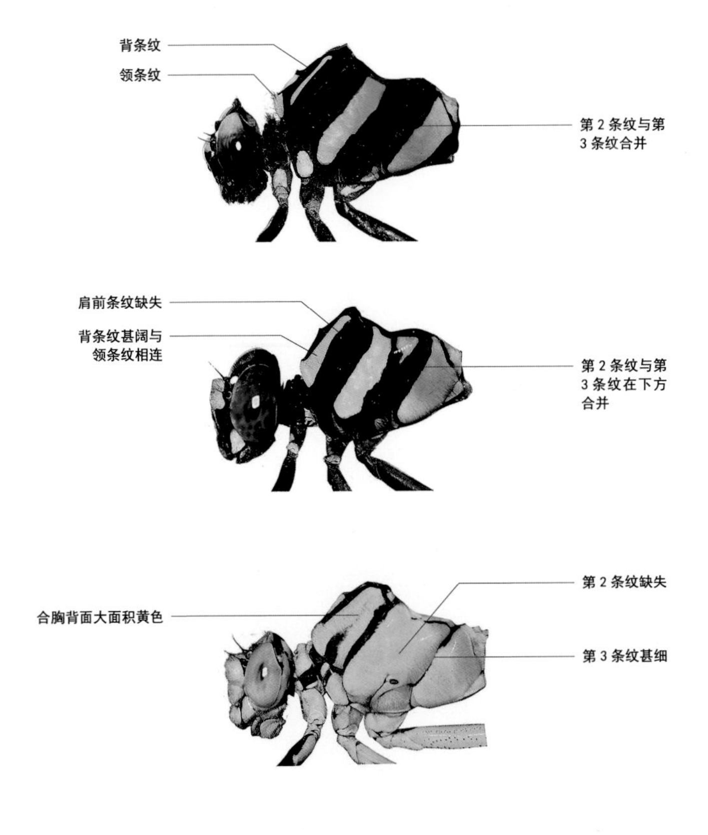

● 春蜓科胸部条纹

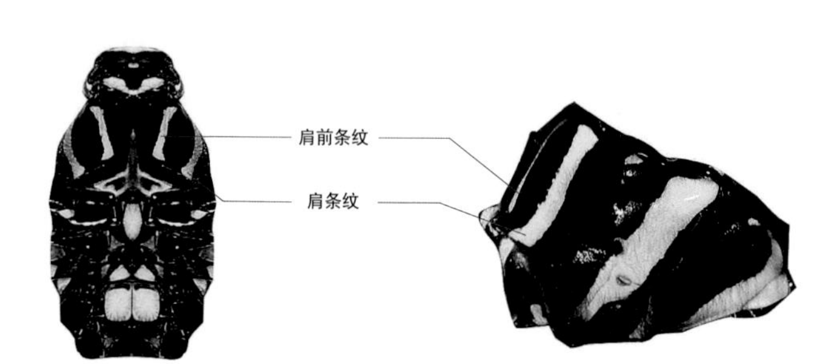

● 裂唇蜓科胸部条纹

翅脉

翅是由复杂的网状翅脉交织而成，包括**前翅**和**后翅**各 1 对。翅脉是蜻蜓目分类系统建立的重要依据。本书主要采用 Tillyard & Fraser (1938—1940) 的分类系统，主要翅脉名称及其缩写如下：

前缘脉 (Costa, C)、亚前缘脉 (Subcosta, Sc)、径脉 (Radius, R)、弓脉 (Arculus, Arc)、中脉 (Media Anterior, MA)、肘脉 (Cubital, CuP)、臀脉 (Anal, A 或 1A)、翅结 (Nodus, N)、翅痣 (Pterostigma, Pt)、基室 (Basal space, Bs) 或称中室 (Median space, Ms)、三角室 (Triangle, T)、上三角室 (Hypertriangle, hT)、四边室 (Quadrilateral cell, q)、臀圈 (Anal loop, Al)、臀角 (Tornus)、盘区 (Discoidal field)、基臀区 (Cubital space)、臀三角室 (Anal triangle)。

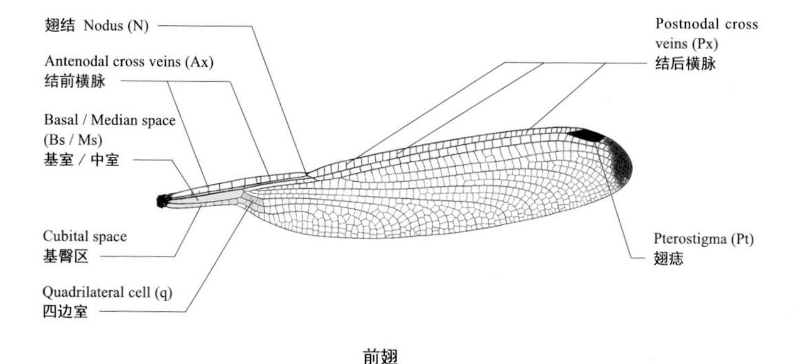

翅结 Nodus (N)
Antenodal cross veins (Ax)
结前横脉
Basal / Median space
(Bs / Ms)
基室 / 中室
Cubital space
基臀区
Quadrilateral cell (q)
四边室
Postnodal cross veins (Px)
结后横脉
Pterostigma (Pt)
翅痣

前翅

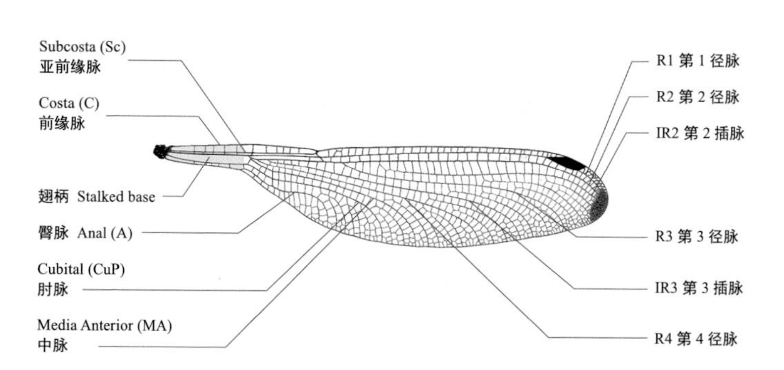

Subcosta (Sc)
亚前缘脉
Costa (C)
前缘脉
翅柄 Stalked base
臀脉 Anal (A)
Cubital (CuP)
肘脉
Media Anterior (MA)
中脉
R1 第 1 径脉
R2 第 2 径脉
IR2 第 2 插脉
R3 第 3 径脉
IR3 第 3 插脉
R4 第 4 径脉

后翅

● 束翅亚目翅脉

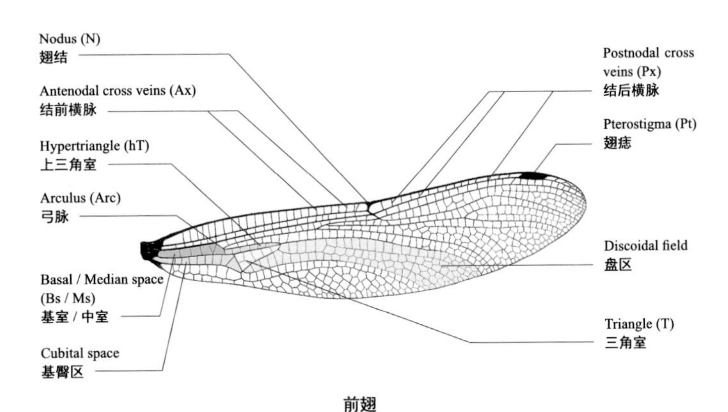

Nodus (N)
翅结
Antenodal cross veins (Ax)
结前横脉
Hypertriangle (hT)
上三角室
Arculus (Arc)
弓脉
Basal / Median space (Bs / Ms)
基室 / 中室
Cubital space
基臀区
Postnodal cross veins (Px)
结后横脉
Pterostigma (Pt)
翅痣
Discoidal field
盘区
Triangle (T)
三角室

前翅

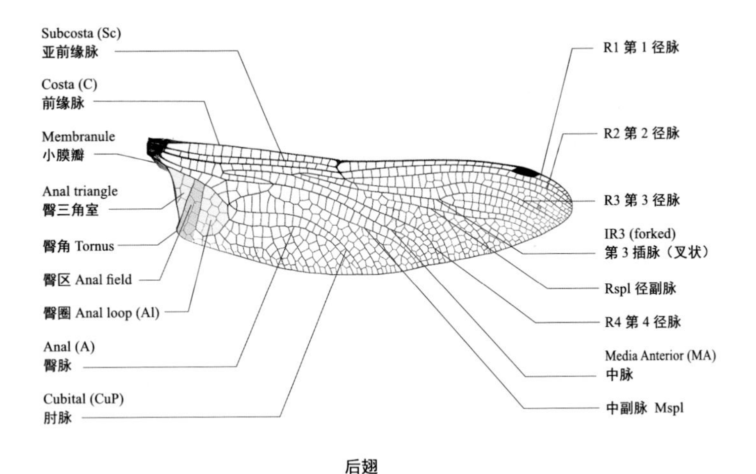

Subcosta (Sc)
亚前缘脉
Costa (C)
前缘脉
Membranule
小膜瓣
Anal triangle
臀三角室
臀角 Tornus
臀区 Anal field
臀圈 Anal loop (Al)
Anal (A)
臀脉
Cubital (CuP)
肘脉
R1 第 1 径脉
R2 第 2 径脉
R3 第 3 径脉
IR3 (forked)
第 3 插脉（叉状）
Rspl 径副脉
R4 第 4 径脉
Media Anterior (MA)
中脉
中副脉 Mspl

后翅

● 差翅亚目翅脉

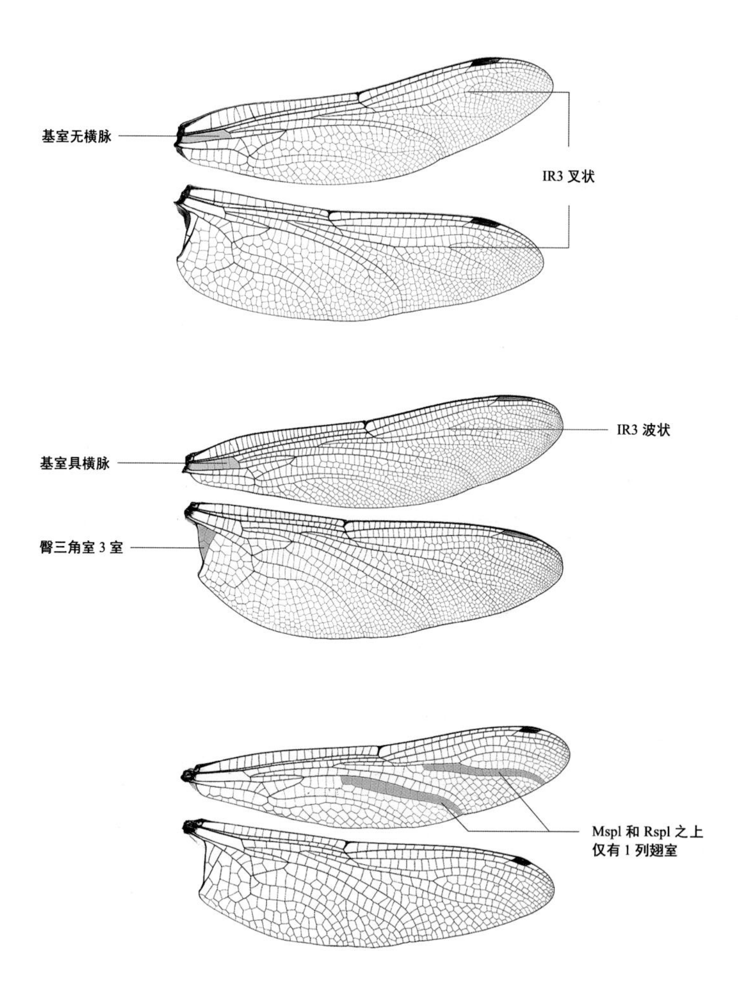

● 翅上的重要分类特征列举

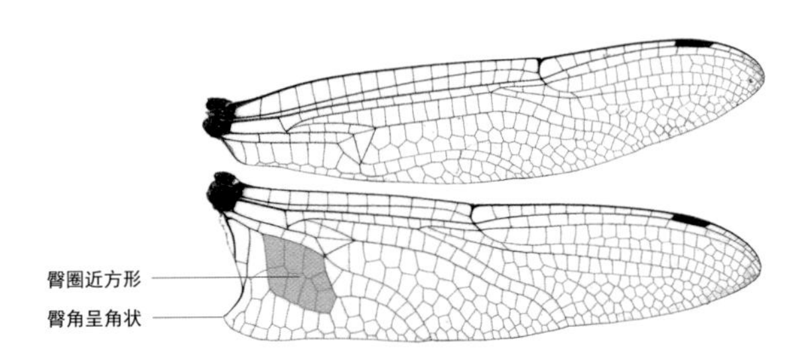

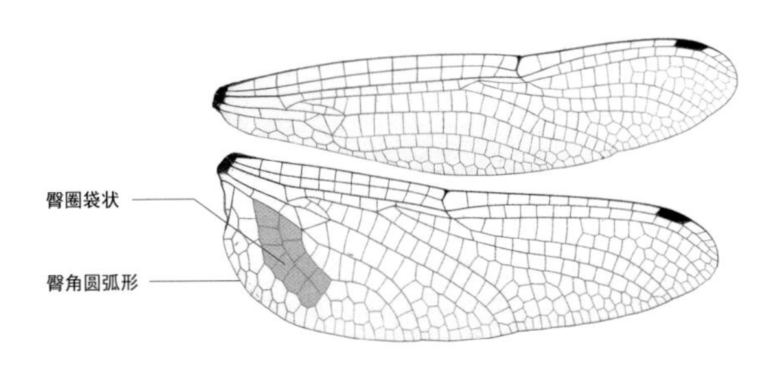

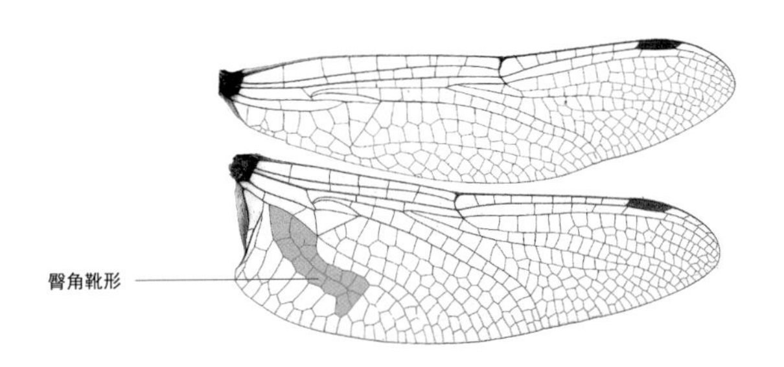

● 翅上的重要分类特征列举

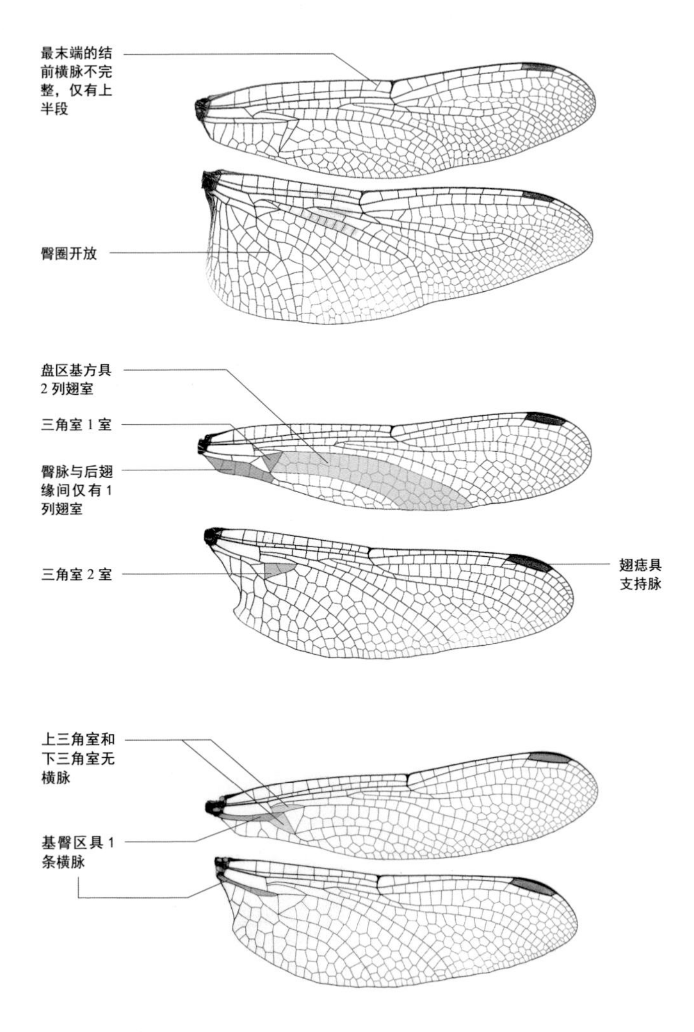

● 翅上的重要分类特征列举

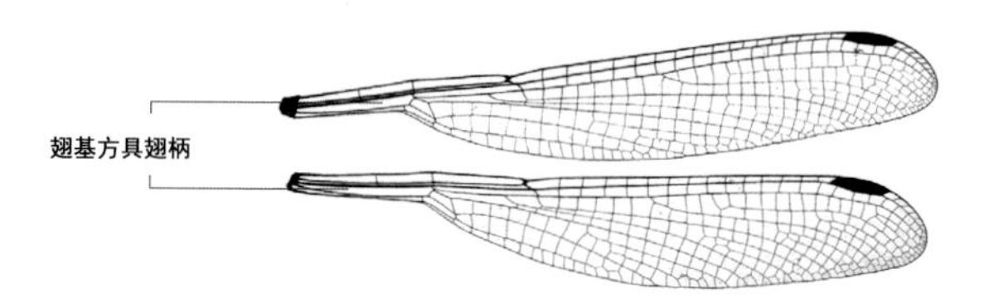

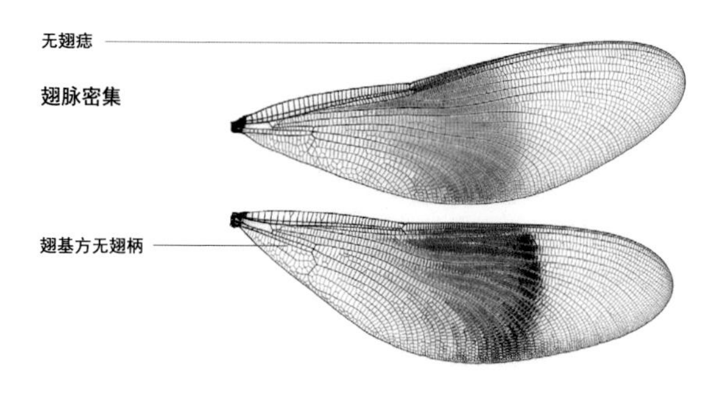

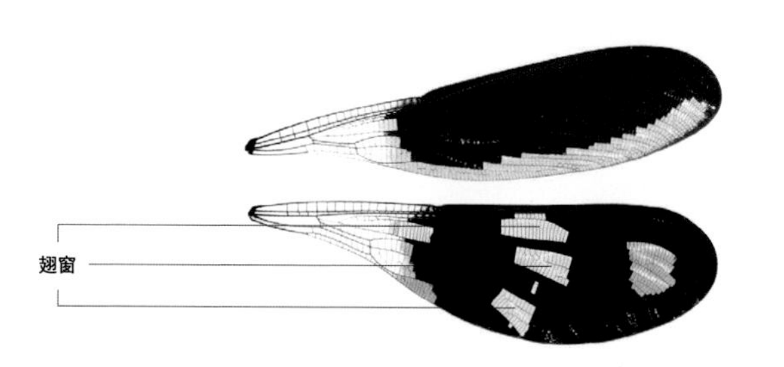

● 翅上的重要分类特征列举

腹部构造

腹部由 10 个体节组成，两性的构造不同。雄性第 2 节和第 3 节腹面具次生殖器；第 10 节具肛附器，通常是钳状，用于与雌性连结时抱握雌性的头部（差翅亚目）、前胸或中胸（束翅亚目）。雌性的附属器包括 1 个位于第 8 节和第 9 节腹面的下生殖板（部分差翅亚目）或锯形产卵管（所有的束翅亚目和蜓科）。

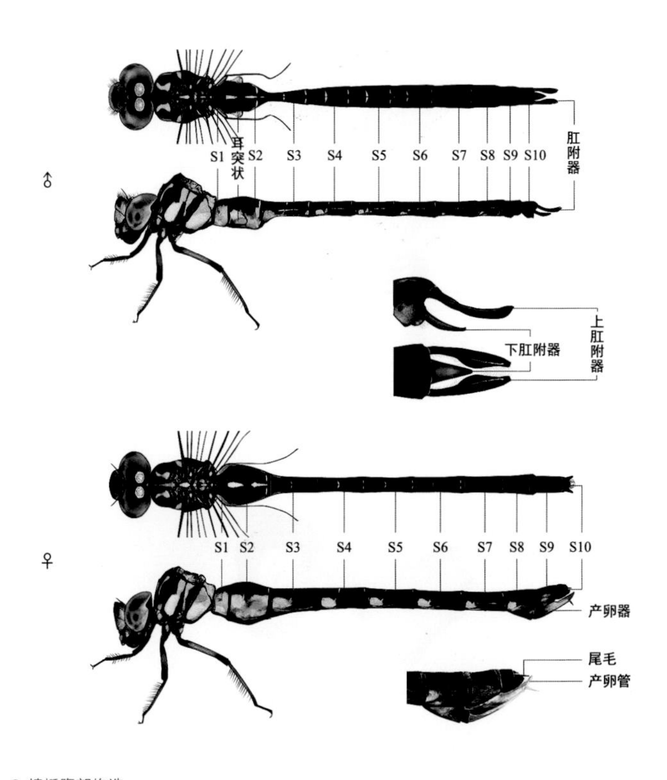

● 蜻蜓腹部构造

差翅亚目中，雄性的肛附器包括 1 对上肛附器（也称尾毛）和 1 个下肛附器（也称肛上板）。上肛附器的形状经常特化，有时为叉状并在腹面具齿状突起。束翅亚目的雄性拥有和差翅亚目相似的成对上肛附器，但和差翅亚目不同的是，它们具 1 对下肛附器（也称肛侧板）。雄性的次生殖器均位于腹部第 2 节和第 3 节腹面，在两个亚目中相同。次生殖器包括前钩片、后钩

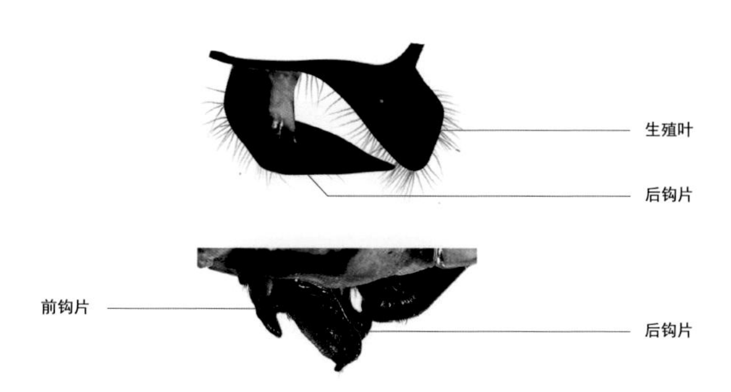

● 雄性蜻蜓次生殖器构造

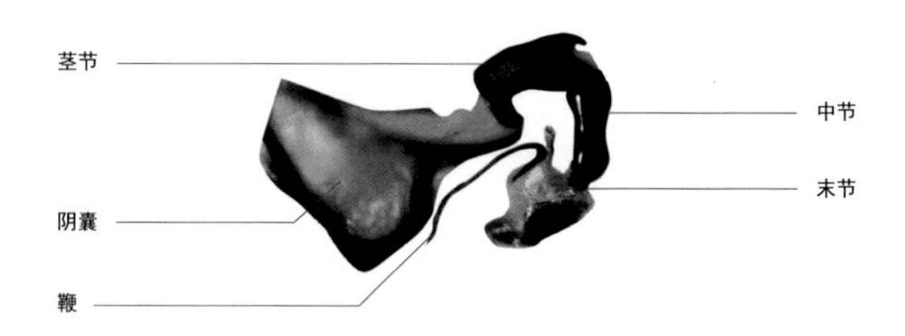

● 雄性蜻蜓阳茎构造

片、夹在两者之间的阳茎，以及腹部第 3 节末端延伸出的阴囊。在差翅亚目中，阳茎与阴囊相连，依次分成茎节、中节和末节，有时末节具成对的鞭。在束翅亚目中，阳茎由腹部第 2 节腹面生出。阳茎（或称生殖舌）的构造通常特化，是鉴定物种时依赖的重要特征。

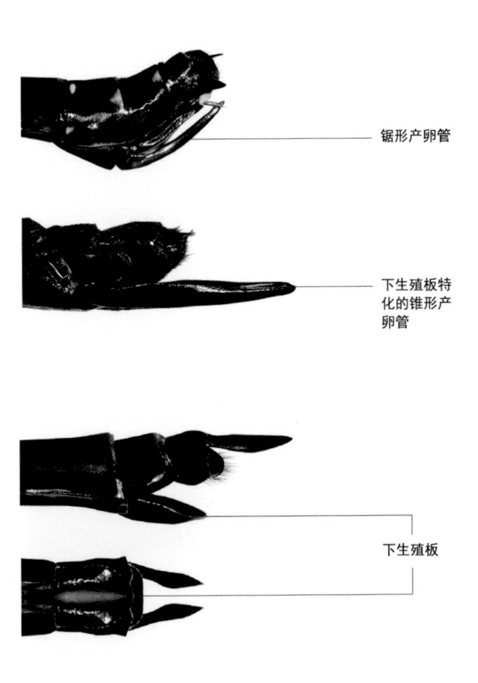

● 雌性蜻蜓产卵器构造

中国蜻蜓分类系统及检索

本书按照Dijkstra等(2013; 2014)和Carle等(2015)共同修订的分类系统，共包含中国常见蜻蜓2亚目19科218种。

束翅亚目 Suborder Zygoptera Selys, 1854

色蟌总科 Superfamily Calopterygoidea Selys, 1850

色蟌科 Family Calopterygidae Selys, 1850

鼻蟌科 Family Chlorocyphidae Cowley, 1937

溪蟌科 Family Euphaeidae Yakobson & Bianchi, 1905

大溪蟌科 Family Philogangidae Kennedy, 1920

黑山蟌科 Family Philosinidae Kennedy, 1925

拟丝蟌科 Family Pseudolestidae Fraser, 1957

丝蟌总科 Superfamily Lestoidea Calvert, 1901

丝蟌科 Family Lestidae Calvert, 1901

综蟌科 Family Synlestidae Tillyard, 1917

蟌总科 Superfamily Coenagrionoidea Kirby, 1890

扇蟌科 Family Platycnemididae Yakobson & Bianchi, 1905

蟌科 Family Coenagrionidae Kirby, 1890

扁蟌总科 Superfamily Platystictoidea Kennedy, 1920

扁蟌科 Family Platystictidae Kennedy, 1920

差翅亚目 Suborder Anisoptera Selys, 1854

蜓总科 Superfamily Aeshnoidea Leach, 1815

蜓科 Family Aeshnidae Leach, 1815

春蜓总科 Superfamily Gomphoidea Rambur, 1842

春蜓科 Family Gomphidae Rambur, 1842

大蜓总科 Superfamily Cordulegastroidea Hagen, 1875

裂唇蜓科 Family Chlorogomphidae Needham, 1903

大蜓科 Family Cordulegastridae Hagen, 1875

蜻总科 Superfamily Libelluloidea Leach, 1815

伪蜻科 Family Corduliidae Selys, 1850

大伪蜻科 Family Macromiidae Needham, 1903

综蜻科 Family Synthemistidae Tillyard, 1911

蜻科 Family Libellulidae Leach, 1815

蜻蜓目分亚目检索表

1（1）复眼位于头部两端（a1，a2），前翅和后翅在基方形状相同 ………………………………………………………………………………………… 束翅亚目

1（2）复眼位于面部以上，在头部上方交汇（a3）或相互靠近（a4），后翅在基方比前翅更宽阔 ……………………………………………………………… 差翅亚目

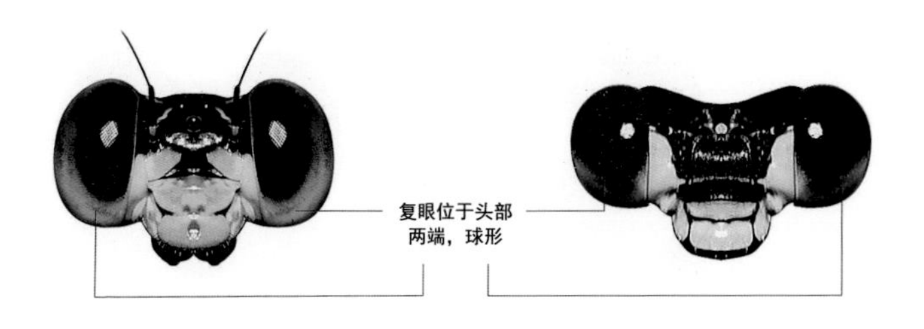

● 头部正面观

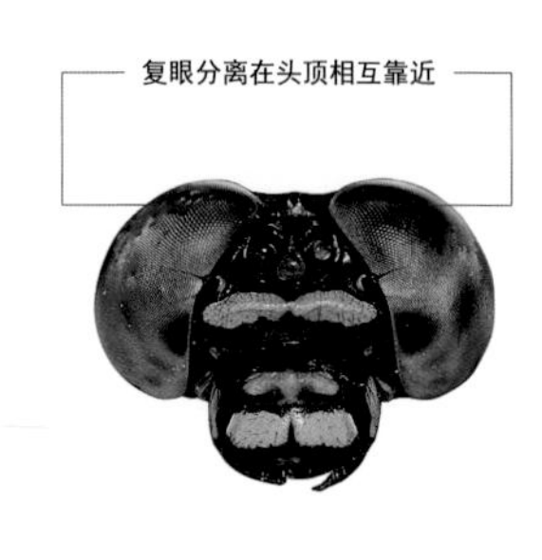

a3　　a4

● 头部正面观

束翅亚目分科检索表

1（1）面部唇基凸起，呈鼻形（b1）……………………………………鼻蟌科

1（2）面部唇基未凸起（b2, b3）………………………………………………2

鼻蟌科

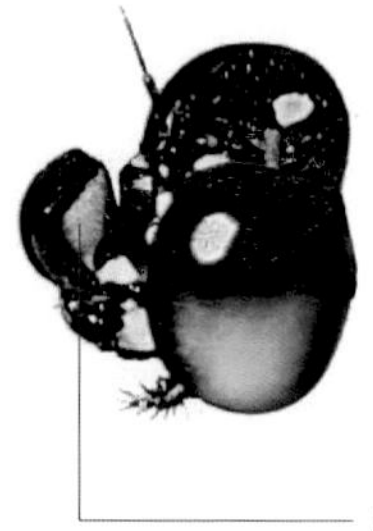

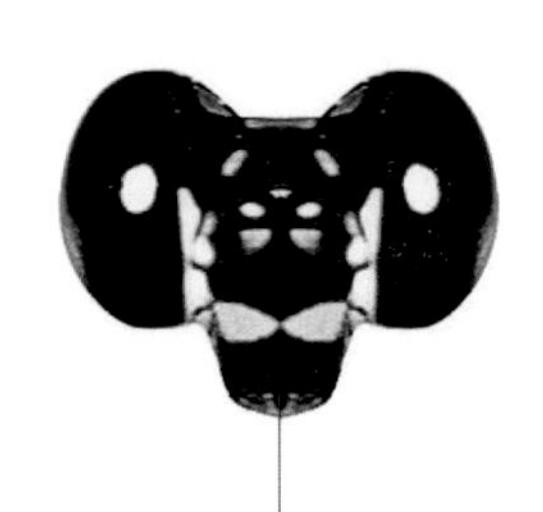

b1

● 束翅亚目头部侧面观

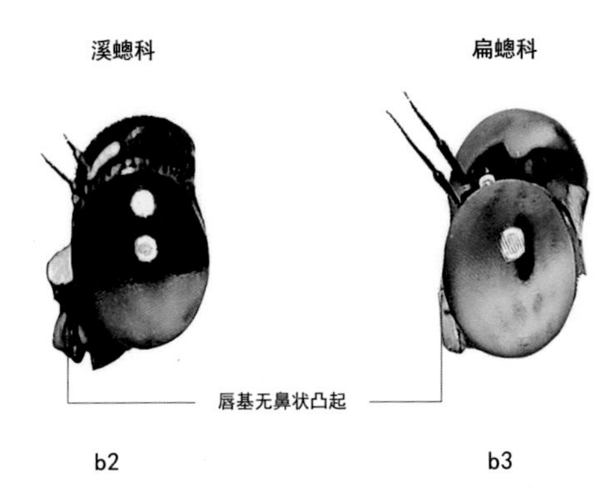

● 束翅亚目头部侧面观

2（1）后翅明显短于前翅，约为前翅长度的 3/4（c1）……………………拟丝蟌科

2（2）前翅和后翅近等长（c2）………………………………………………………3

3（1）翅逐渐向基方收缩，无翅柄（c2）………4 色蟌科（除闪色蟌属）、溪蟌科

3（2）翅基方具显著的翅柄（c1）……………………………………………………5

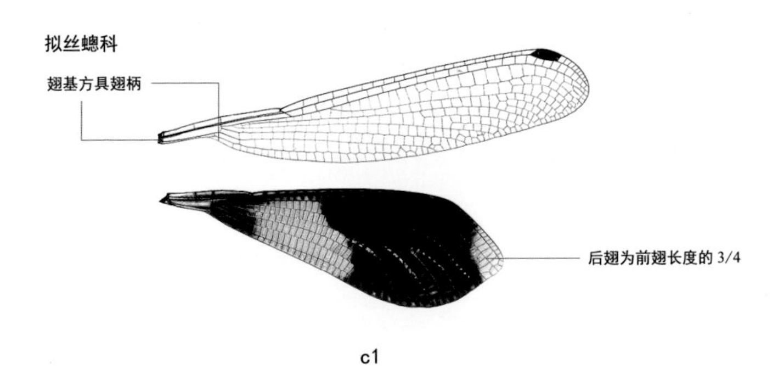

● 束翅亚目翅脉比对

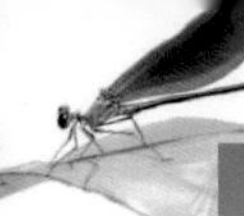

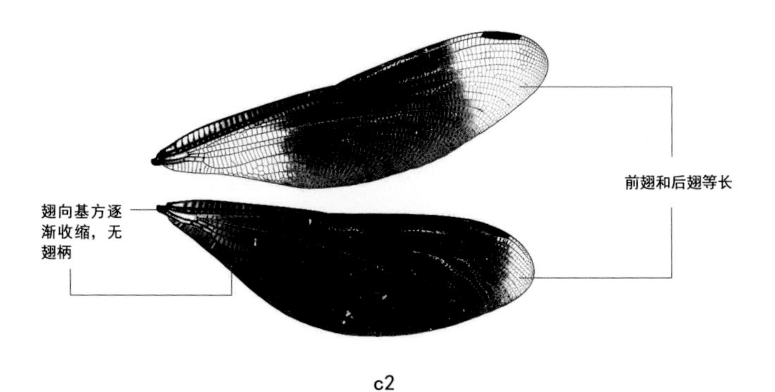

● 束翅亚目翅脉比对

4（1）身体具金属光泽 ············ 色蟌科

4（2）身体无金属光泽 ············ 溪蟌科

5（1）下肛附器缺失 ············ 6

5（2）具 1 对下肛附器 ············ 7

6（1）结前横脉 2 条，前翅弓脉的位置略前于第二条结前横脉 Ax2（d2）············ 黑山蟌科

6（2）结前横脉多于 2 条，前翅弓脉的位置后于第二条结前横脉 Ax2（d1）············ 大溪蟌科

大溪蟌科

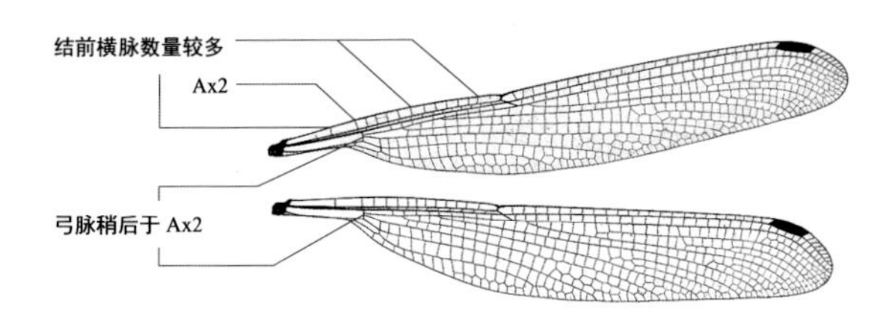

d1

黑山蟌科

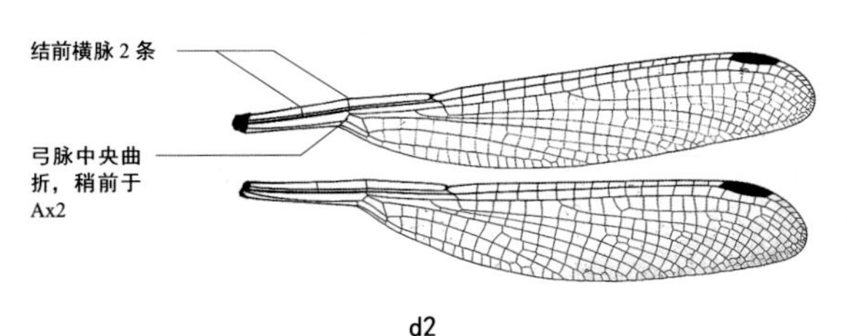

d2

● 束翅亚目翅脉比对

7（1）翅痣长条形（e3, e4）…………………………………………………………8

7（2）翅痣较短，高度与宽度相近（e1, e2）…………………………………………9

8（1）中脉曲折或部分曲折（e3）…………………………丝蟌科（除长痣丝蟌属）

8（2）中脉平直（e4）……………………………………………………………综蟌科

9（1）翅痣为上边窄下边宽的梯形（e2）…………………………………………扁蟌科

9（2）翅痣为平行四边形（e1）…………………………………………………………10

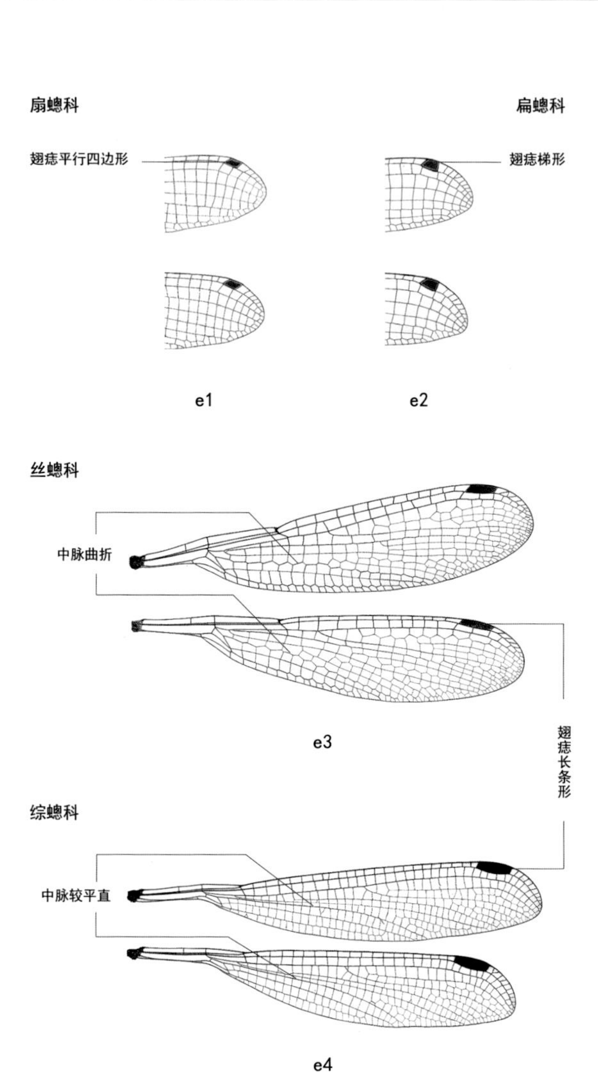

● 束翅亚目翅脉比对

10（1）四边室的下边略长于上边，外后角通常较钝（f1）；足的胫节具长刺或膨大成片状，刺长为刺间距的 2 倍或更长（g1, g2）······························· 扇蟌科

10（2）四边室的下边明显长于上边，外后角尖锐（f2）；足的胫节具短刺，刺长约与刺间距的等长或更短（g3, g4）··· 蟌科

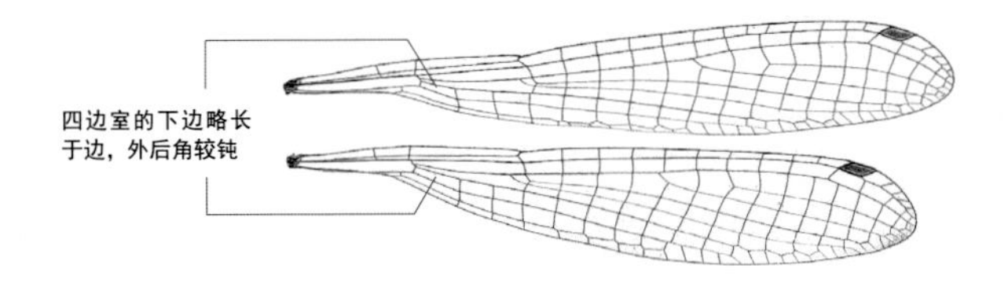

f1

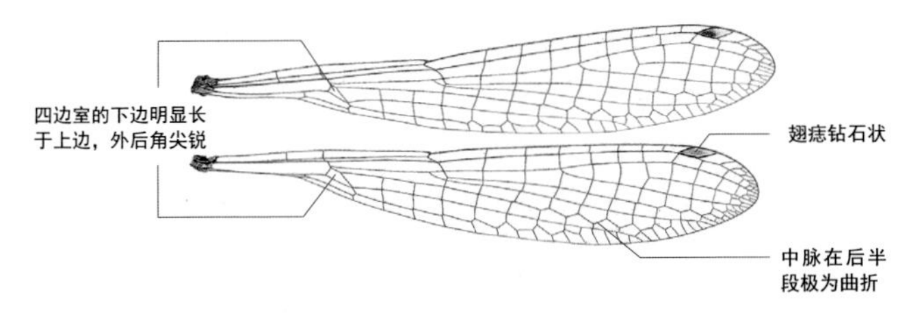

f2

● 束翅亚目翅脉比对

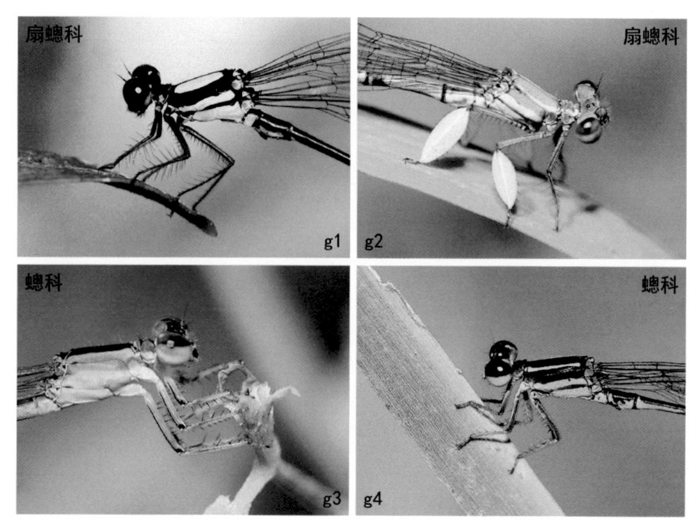

● 束翅亚目足对比

差翅亚目分科检索表

1（1）复眼在头顶交汇，形成一条眼线（h6，h7，h8）……………………………… 2

1（2）复眼在头顶分离，其间距（D1）与中单眼间距（D2）相同或者仅为后者的 1/2 ~ 2/3（h3，h4，h5）……………………………………………………… 3

1（3）复眼在头顶呈水滴形并以点相交（h1，h2），前后翅三角室狭长并向翅端收缩（k1）…………………………………………………………………… 大蜓科

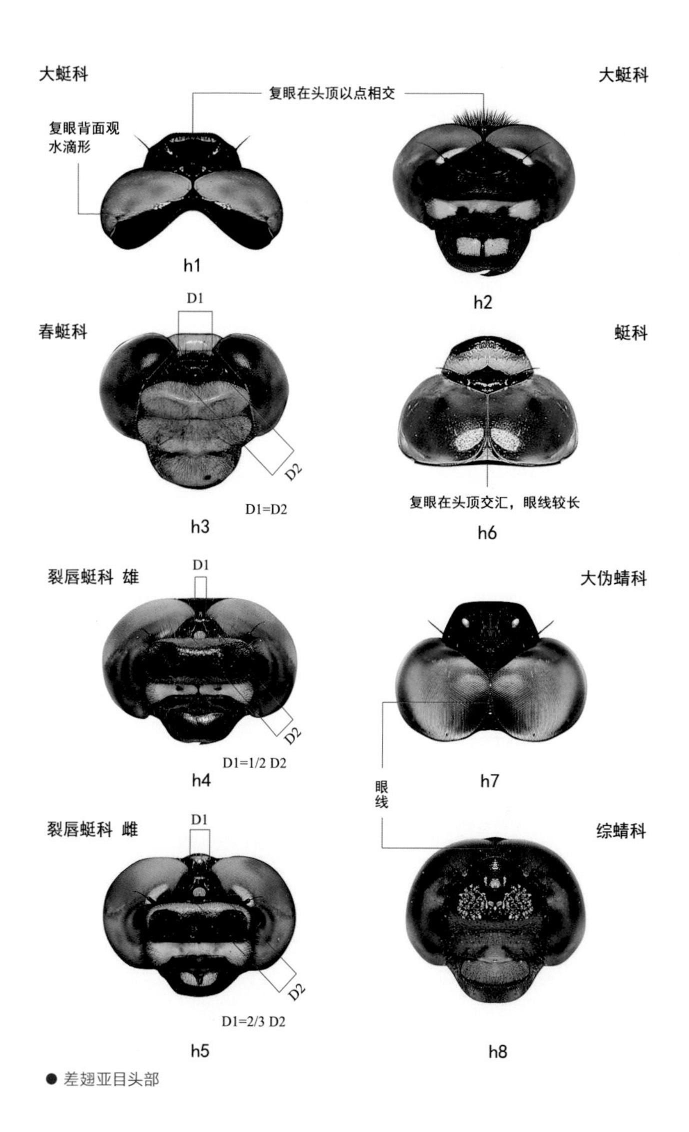
大蜓科
复眼在头顶以点相交
大蜓科
复眼背面观
水滴形
h1
h2
D1
春蜓科
蜓科
D2
D1=D2
h3
复眼在头顶交汇，眼线较长
h6
裂唇蜓科 雄
D1
大伪蜻科
D2
D1=1/2 D2
h4
h7
眼
线
裂唇蜓科 雌
D1
综蜻科
D2
D1=2/3 D2
h5
h8

● 差翅亚目头部

2（1）后翅三角室距离弓脉的距离（D4）与前翅三角室距弓脉的距离（D3）相同；前翅三角室向翅末端收缩（k2）；雌性具锯形产卵管 ·································· 蜓科

2（2）后翅三角室距离弓脉的距离（D4）小于前翅三角室距弓脉的距离（D3）；前翅三角室向翅后缘收缩（k3）；雌性具开孔式产卵器（下生殖板） ················ 4

大蜓科

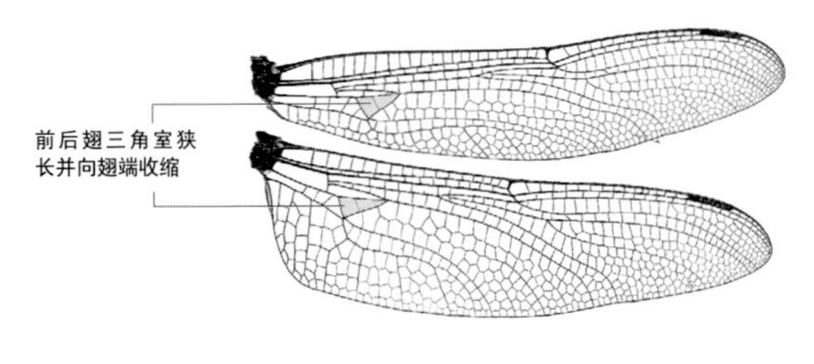

k1

蜓科

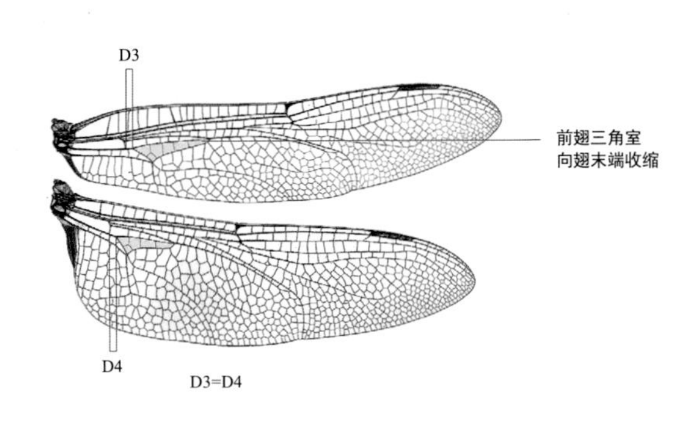

k2

● 差翅亚目翅脉

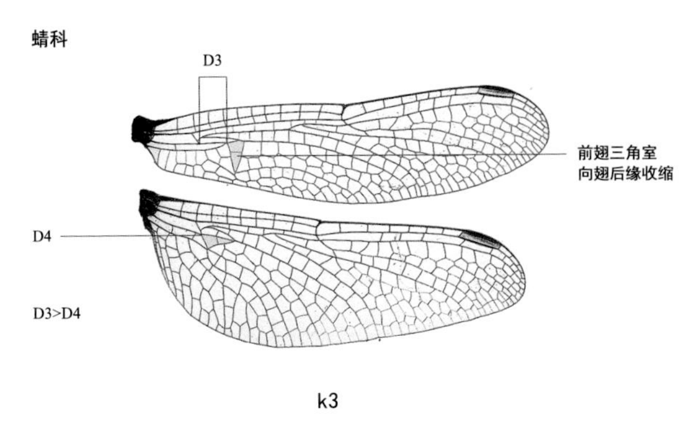

● 差翅亚目翅脉

3（1）臀圈不发达或开放（12，13）…………………………………………春蜓科

3（2）前后翅三角室为近等边三角形（除蝴蝶裂唇蜓后翅），臀圈极为发达，通常包括 3 列、多于 10 个翅室（11）…………………………………………裂唇蜓科

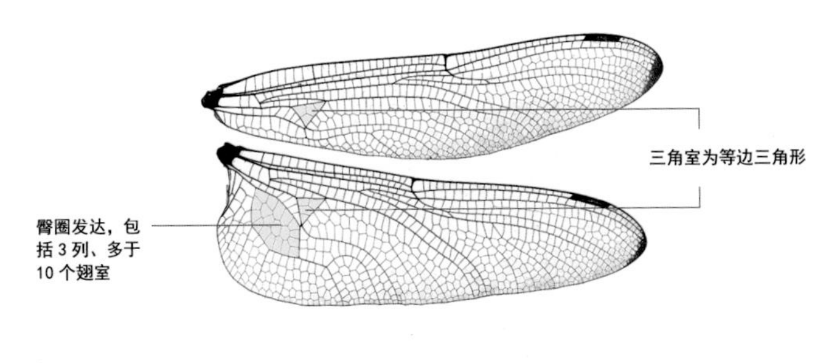

● 差翅亚目翅脉

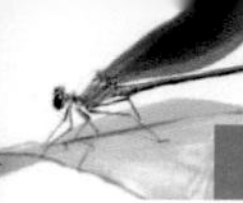

春蜓科

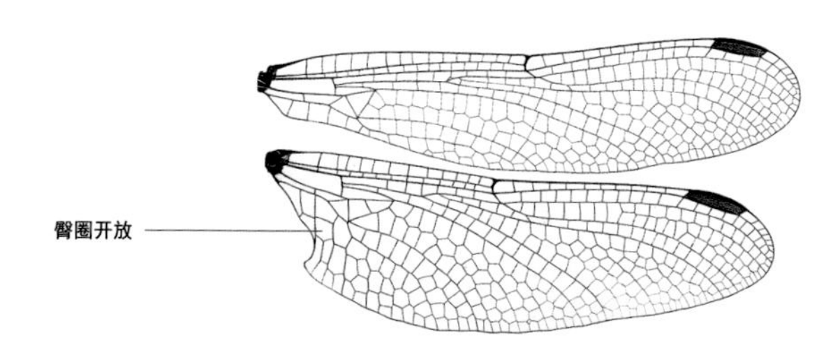

12

春蜓科

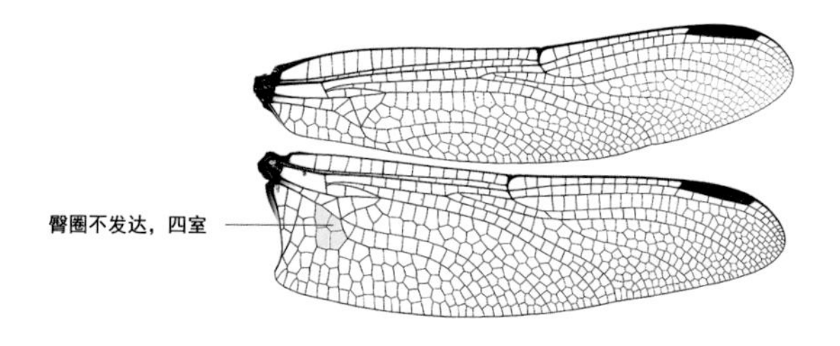

13

● 差翅亚目翅脉

4（1）复眼后边缘具 1 个小瘤形眼凸（m1，m2），前足末端具龙骨（n1）………5

4（2）复眼后边缘无瘤状眼凸（m3，m4），前足无龙骨（n2）………………蜻科

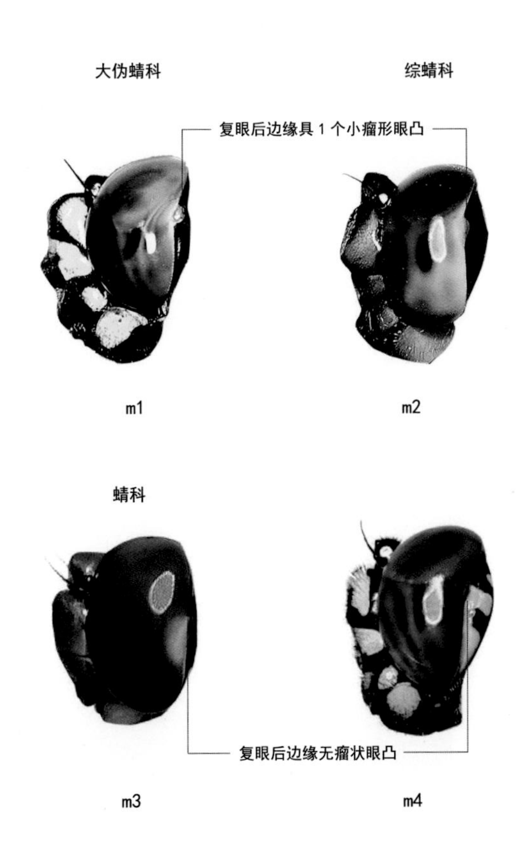

● 差翅亚目头部侧面观

● 差翅亚目前足构造

5（1）前翅三角室距弓脉的距离（D3）约为或略长于后翅三角室距弓脉距离（D4）的 2 倍（p1）……6

5（2）前翅三角室距弓脉的距离（D3）明显长于后翅三角室距弓脉距离（D4）的 2 倍（p2，p3）……7

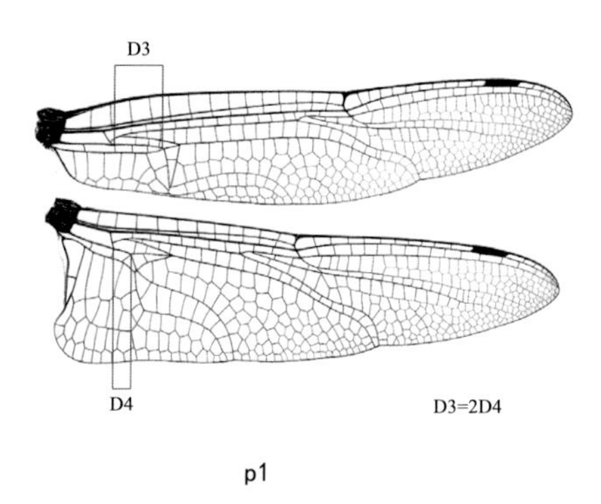

● 差翅亚目翅脉

伪蜻科

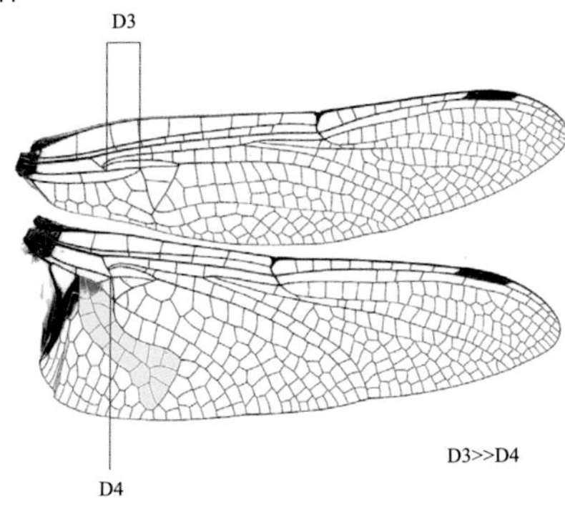

p2

综蜻科异伪蜻属

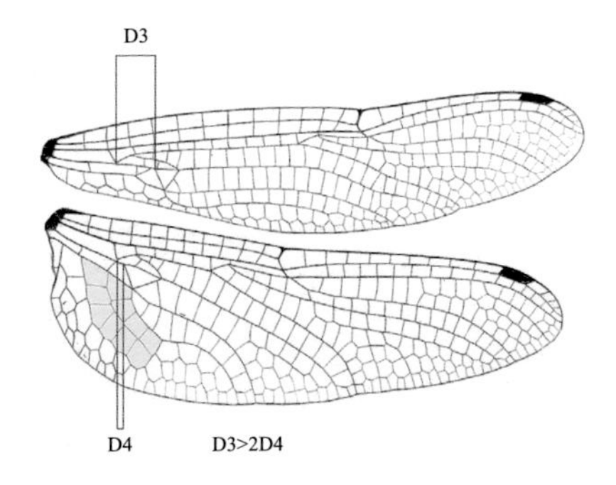

p3

● 差翅亚目翅脉

6（1）上肛附器外缘侧面观具较小的刺状突起（q2）……………………… 大伪蜻科

6（2）上肛附器侧面观无突起（q1）……………………………… 综蜻科中伪蜻属

7（1）臀圈靴状（p2）……………………………………………………… 伪蜻科

7（2）臀圈袋状（p3）……………………………………………… 综蜻科异伪蜻属

综蜻科中伪蜻属

q1

大伪蜻科

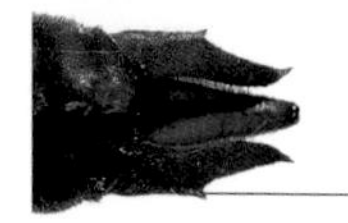

q2

● 差翅亚目雄性肛附器

束翅亚目

ZYGOPTERA

赤基色蟌 雄

黄翅溪蟌 雄

黄脊圣鼻蟌 雄

深林华扁蟌 雄

色蟌科 Family Calopterygidae

本科是一类体型较大的豆娘，许多种类身体具金属光泽，腹部细长，翅较宽阔，翅脉密集，翅上通常具色斑或者大面积深色。本科科名含义为“艳丽的翅”，由于体态优美，识别度高，色蟌是十分受人青睐的豆娘类群。

本科主要栖息于山区溪流和河流。雄性通常停落在水边的植物或水面的岩石上占据领地。很多种类的雌性具潜水产卵的能力。

争斗的华艳色蟌

① 赤基色蟌 雄 温雨川摄
② 赤基色蟌 雌 宋睿斌摄

赤基色蟌 *Archineura incarnata* (Karsch, 1892)

雄性面部墨绿色，上唇具黄色斑点；胸部和腹部墨绿色具金属光泽，翅透明，基方具红色斑，老熟以后身体色彩略带红色，侧面稍微覆盖粉霜。雌性较暗淡，翅稍染琥珀色。体长 75 ~ 85 mm，腹长 61 ~ 67 mm，后翅 45 ~ 52 mm。

栖息于 1500 m 以下森林中布满岩石的开阔溪流。中国特有，分布于四川、重庆、贵州、安徽、湖南、江西、浙江、福建、广西、广东。飞行期为 4—10 月。

黑暗色蟌 *Atrocalopteryx atrata* (Selys, 1853)

通体黑色，雄性胸部和腹部具深绿色金属光泽，雌性腹部黑褐色末端具白色细纹。体长 47 ~ 58 mm，腹长 38 ~ 48 mm，后翅 31 ~ 38 mm。

栖息于海拔 1500 m 以下的溪流和河流。除西北地区外全国广布，但各地体型大小有异；国外分布于朝鲜半岛、日本、俄罗斯。飞行期为 4—10 月。

① 黑暗色蟌 雌 温雨川摄
② 黑暗色蟌 雄

① 黑顶暗色蟌指名亚种 雄
宋睿斌摄
② 黑顶暗色蟌指名亚种 雌
宋睿斌摄

黑顶暗色蟌指名亚种

Atrocalopteryx melli melli Ris, 1912

雄性复眼上方黑褐色，下方绿色；胸部和腹部深绿色具金属光泽，后胸侧面具黄色条纹，翅染黑褐色，半透明，翅端黑色。雌性体色稍暗；翅具白色伪翅痣；腹部褐色。体长 64 ~ 80 mm，腹长 53 ~ 66 mm，后翅 45 ~ 48 mm。

栖息于1000 m以下的林荫小溪。中国特有，分布于浙江、福建、广东、广西。飞行期为4—11月。

亮闪色蟌 *Caliphaea nitens* Navás, 1934

① 亮闪色蟌 雄 吕非摄
② 亮闪色蟌 雌

雄性面部、胸部和腹部主要青铜色具金属光泽，后胸随年纪增长逐渐覆盖白色粉霜。雌性与雄性相似。体长 43 ~ 47 mm，腹长 34 ~ 38 mm，后翅 29 ~ 32mm。

栖息于海拔 500 ~ 2000 m 的沟渠和狭窄小溪。中国特有，分布于甘肃、四川、重庆、湖北、湖南、贵州、江西、浙江、福建、广西、广东。飞行期为 6—9 月。

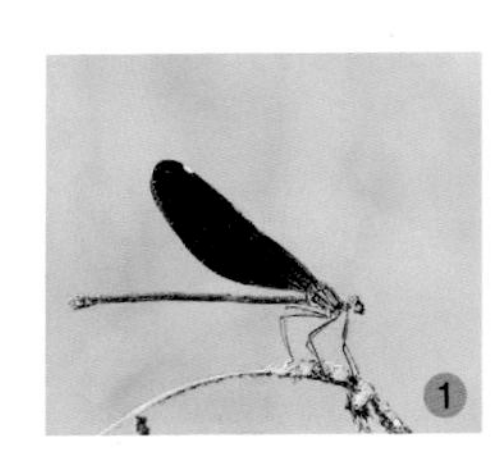

① 透顶单脉色蟌 雌
② 透顶单脉色蟌 雄

透顶单脉色蟌 *Matrona basilaris* Selys, 1853

雄性面部金属绿色；胸部深绿色具金属光泽，后胸具黄色条纹，翅黑色，翅脉在基方 1/2 处蓝色；腹部第 8 ~ 10 节腹面黄褐色。雌性胸部青铜色，翅深褐色，具白色伪翅痣；腹部褐色。体长 56 ~ 70 mm，腹长 46 ~ 57 mm，后翅 34 ~ 48 mm。

栖息于海拔2500 m以下的开阔溪流和河流。全国广布；国外分布于越南、老挝。飞行期为 5—11 月。

褐单脉色蟌

Matrona corephaea Hämäläinen, Yu & Zhang, 2011

雄性面部金属绿色；胸部和腹部深绿色具金属光泽，后胸具黄色条纹，翅红棕色。雌性胸部青铜色，翅具白色伪翅痣；腹部褐色。体长62 ~ 70 mm，腹长50 ~ 55 mm，后翅38 ~ 44 mm。

栖息于海拔1500 m以下的开阔溪流和林荫小溪。中国特有，分布于贵州、重庆、湖北、湖南、浙江。飞行期为6—9月。

① 褐单脉色蟌 雌
② 褐单脉色蟌 雄

① 妈祖单脉色蟌 雄 宋睿斌摄
② 妈祖单脉色蟌 雌

妈祖单脉色蟌

Matrona mazu Yu, Xue & Hämäläinen, 2015

本种与透顶单脉色蟌相似，但翅更短更宽阔，腹部腹面的浅褐色区域更大。体长 60 ~ 68 mm，腹长 49 ~ 51 mm，后翅 38 ~ 40 mm。

栖息于海拔 1500 m 以下的山区溪流。中国海南特有，全年可见。

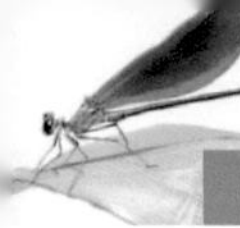

黑单脉色蟌 *Matrona nigripectus* Selys, 1879

本种与透顶单脉色蟌和妈祖单脉色蟌相似，但腹部末端腹面全黑色，容易区分。体长62～70 mm，腹长51～57 mm，后翅37～45 mm。

栖息于海拔2000 m以下的开阔或林荫溪流。国内仅分布于云南；国外分布于印度、缅甸、泰国、老挝。飞行期为4—12月。

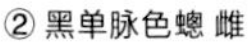

① 黑单脉色蟌 雄
② 黑单脉色蟌 雌

黑带绿色蟌 *Mnais gregoryi* Fraser, 1924

雄性多型，透翅型翅透明，黑带型翅中部具1条甚阔的宽带，其上方具1个大白斑，覆盖整个翅端，使翅仅基方透明，翅痣红褐色；腹部第1 ~ 3节、第8 ~ 10节覆盖白色粉霜。雌性胸部青铜色，腹部青铜色并具光泽；年轻个体翅琥珀色，随年纪增长色彩变浅，翅痣白色。体长48 ~ 57 mm，腹长37 ~ 45 mm，后翅36 ~ 40 mm。

栖息于海拔2000 ~ 3000 m森林中的小溪和沟渠。国内主要分布于云南、四川；国外分布于老挝、越南。飞行期为2—7月。

① 黑带绿色蟌 透翅型 雄
② 黑带绿色蟌 雌
③ 黑带绿色蟌 黑带型 雄

烟翅绿色蟌 *Mnais mneme* Ris, 1916

雄性多型，透翅型胸部和腹部墨绿色具金属光泽，翅透明或稍染烟色；橙翅型胸部覆盖白色粉霜，翅橙色；腹部黑褐色，第 8 ~ 10 节覆盖白色粉霜。雌性身体黄铜色，翅稍染琥珀色或透明。体长 48 ~ 57 mm，腹长 41 ~ 46 mm，后翅 28 ~ 35 mm。

栖息于海拔 1500 m 以下森林中的小溪、沟渠和渗流地。国内分布于云南、福建、广西、广东、海南、香港；国外分布于老挝、越南、柬埔寨。全年可见。

① 烟翅绿色蟌 透翅型 雄
② 烟翅绿色蟌 雌 宋睿斌摄
③ 烟翅绿色蟌 橙翅型 雄 宋睿斌摄

① 黄翅绿色蟌 橙翅型 雄 宋睿斌摄
② 黄翅绿色蟌 透翅型 雄 宋睿斌摄
③ 黄翅绿色蟌 雌 宋睿斌摄

黄翅绿色蟌 *Mnais tenuis* Oguma, 1913

雄性多型，透翅型胸部和腹部青铜色具金属光泽，后胸后侧板黄色，翅透明，腹部第 8 ~ 10 节覆盖白色粉霜；橙翅型胸部覆盖白色粉霜，后胸后侧板黄色区域无粉霜，腹部第 1 ~ 3 节、第 8 ~ 10 节覆盖白色粉霜。雌性身体黄铜色，翅稍染琥珀色。体长 42 ~ 50 mm，腹长 33 ~ 42 mm，后翅 27 ~ 31 mm。

栖息于海拔 1500 m 以下森林中的小溪、沟渠和渗流地。中国特有，分布于浙江、江西、福建、广东、台湾。飞行期为 2—7 月。

华艳色蟌 *Neurobasis chinensis* (Linnaeus, 1758)

① 华艳色蟌 雄 宋睿斌摄
② 华艳色蟌 雌

雄性面部、胸部和腹部墨绿色具金属光泽；前翅透明，后翅正面大面积金属绿色，端部黑色，背面黑褐色。雌性面部、胸部和腹部绿色具金属光泽；前翅透明，后翅琥珀色，翅结处具小白斑，具白色伪翅痣。体长 56 ~ 60 mm，腹长 45 ~ 48 mm，后翅 32 ~ 35 mm。

栖息于海拔 1500 m 以下的溪流和河流。国内分布于贵州、云南、江西、福建、广西、广东、海南、香港；国外广布于南亚、东南亚。全年可见。

① 褐翅黄细色蟌 雌
② 褐翅黄细色蟌 雄 宋睿斌摄

褐翅黄细色蟌 *Vestalaria velata* (Ris, 1912)

雄性面部、胸部和腹部墨绿色具金属光泽，后胸后侧板黄色；翅微染褐色，翅端色彩稍加深，腹部第 8 ~ 10 节覆盖白色粉霜。雌性色彩与雄性相似，腹部第 9 ~ 10 节稍带粉霜。体长 60 ~ 65 mm，腹长 45 ~ 54 mm，后翅 37 ~ 42 mm。

栖息于海拔1000 m以下的开阔溪流和沟渠。中国特有，分布于安徽、浙江、福建、广东。飞行期为 7—12 月。

多横细色蟌 *Vestalis gracilis* (Rambur, 1842)

① 多横细色蟌 雄
② 多横细色蟌 雌

雌雄相似，面部、胸部和腹部绿色具金属光泽，合胸侧面具较细的黄色条纹；翅透明闪烁蓝紫色光泽，末端染有琥珀色；翅表面闪烁蓝紫色光泽。体长 58 ~ 66 mm，腹长 48 ~ 54 mm，后翅 36 ~ 41 mm。

栖息于海拔 1000 m 以下的林荫小溪。国内分布于云南；国外分布于印度、尼泊尔、不丹、缅甸、泰国、老挝、柬埔寨、越南、马来西亚。全年可见。

鼻蟌科 Family Chlorocyphidae

本科是一类较粗壮且面部构造特殊的豆娘。由于唇基十分突出，使面部具 1 个较显著的鼻状构造。鼻蟌体型小至中型，腹部较短，很多种类翅上具深色斑纹和透明的窗型斑，这些翅窗可以反射出绿色、蓝色、紫红色和青铜色等不同颜色的光泽。

本科主要栖息于溪流和河流。雄性经常停落在水边占据领地。许多种类具有在蜻蜓中罕见的求偶行为。雄性的足通常具白色胫节，在求偶时向雌性展示。

三斑阳鼻蟌 雄

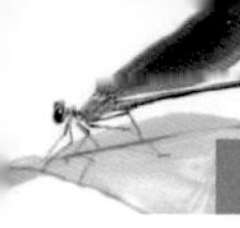

赵氏圣鼻蟌 *Aristocypha chaoi* (Wilson, 2004)

雄性面部黑色具小蓝斑；胸部黑色具天蓝色条纹，合胸脊具1个甚大的三角形蓝色斑；前翅透明，翅痣黑色，后翅基方2/3透明，端方1/3黑色并具半透明且闪烁蓝绿色光泽的翅窗，翅痣蓝色；足的胫节内缘具白色粉霜；腹部第2～9节具甚大的天蓝色斑。雌性黑色具黄色斑纹，翅痣褐色和白色。体长28～30 mm，腹长18～20 mm，后翅23～25 mm。

栖息于海拔1000 m以下的开阔溪流。国内分布于贵州、福建、广西、广东；国外分布于越南。飞行期为5—9月。

① 赵氏圣鼻蟌 雌 宋睿斌摄
② 赵氏圣鼻蟌 雄 宋睿斌摄

① 黄脊圣鼻蟌 雄
② 黄脊圣鼻蟌 雌

黄脊圣鼻蟌 *Aristocypha fenestrella* (Rambur, 1842)

雄性面部黑色具小黄斑；胸部黑色，侧面具黄色条纹，合胸脊具1个甚大的三角形紫色斑；翅基方1/3透明，端方2/3黑色具光泽，前翅黑色区域未到达翅的后缘，后翅具蓝紫色光泽的翅窗，最末列的翅窗距翅前缘有多列翅室，前翅翅痣黑色，后翅翅痣紫色；足的胫节内缘具白色粉霜；腹部黑色。雌性主要黑色具黄色斑纹，翅痣深褐色和白色。体长29 ~ 34 mm，腹长20 ~ 23 mm，后翅23 ~ 33 mm。

栖息于海拔2000 m以下的开阔溪流。国内分布于云南、贵州、广西；国外分布于缅甸、泰国、柬埔寨、老挝、越南、马来半岛。全年可见。

三斑阳鼻蟌 *Heliocypha perforata* (Percheron, 1835)

① 三斑阳鼻蟌 雄
② 三斑阳鼻蟌 雌 宋睿斌摄

雄性头顶和后头各具 1 对蓝色斑点；胸部黑色，合胸脊具 1 个三角形紫红色斑，脊两侧具 1 对蓝斑，合胸侧面具宽阔的蓝色条纹；前翅透明，末端 1/3 褐色，后翅端方 1/2 黑褐色，具 2 列闪烁紫色光泽的翅窗，翅痣黑色；足的胫节内缘具白色粉霜；腹部黑色，第 1 ~ 9 节具蓝色斑点。雌性黑褐色具黄色条纹。体长 28 ~ 31mm，腹长 17 ~ 20 mm，后翅 23 ~ 24 mm。

栖息于海拔 1000 m 以下的溪流、沟渠和河流。国内分布于云南、贵州、浙江、福建、广西、广东、海南、香港、台湾；国外分布于印度、缅甸、泰国、柬埔寨、老挝、越南、马来半岛。全年可见。

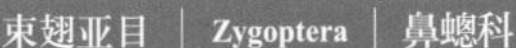

① 点斑隼蟌 雌 吴宏道摄
② 点斑隼蟌 雄 吴宏道摄

点斑隼蟌 *Libellago lineata* (Burmeister, 1839)

雄性面部黑色具黄色斑纹；胸部黑色具黄色条纹；翅透明，前翅翅端具1个深色斑，翅痣黑色，足胫节内缘具白色粉霜；腹部第1～6节橙色，第7～10节黑色。雌性主要黑褐色具黄斑，翅痣黄色。体长20～23 mm，腹长13～15 mm，后翅19～22 mm。

栖息于海拔1000 m以下的溪流和河流。国内分布于云南、福建、广西、海南、广东、台湾；国外广布于南亚、东南亚。全年可见。

线纹鼻蟌 *Rhinocypha drusilla* Needham, 1930

雄性上唇黄色，额和头顶具小黄斑；胸部黑色，侧面具黄色条纹；翅稍染褐色，后翅端部色彩加深，翅痣双色，足黑色；腹部主要橙色。雌性黑色具黄色斑纹，翅痣双色。体长 35 ~ 38 mm，腹长 24 ~ 25 mm，后翅 25 ~ 28 mm。

栖息于海拔 1500 m 以下森林中的溪流。中国特有，分布于贵州、安徽、浙江、福建、广西、广东。飞行期为 7—12 月，晚季节较常见。

① 线纹鼻蟌 雌
② 线纹鼻蟌 雄

透顶溪蟌，相互靠近的一对

溪蟌科 Family Euphaeidae

本科主要分布于亚洲南部和东部，多是体中型的豆娘。它们身体粗壮，足较短；翅无显著的翅柄，翅脉密集，具翅痣。雄性身体通常色彩较暗，翅透明或染有深色；不同种类的雌性通常很相似，身体黑褐色具黄色条纹。

本科主要栖息于溪流和河流。雄性具领域行为，通常停落在溪流中的岩石、朽木和水生植物上占据领地。许多种类的雌性可以潜水产卵。

庆元异翅溪蟌

Anisopleura qingyuanensis Zhou, 1982

雄性面部黑色具蓝斑；胸部黑色具淡蓝色和黄色条纹；后翅前缘脉在亚基方稍微弯曲；腹部黑色具黄色条纹，第 9 ~ 10 节具蓝白色粉霜。雌性与雄性相似，但腹部较短。两性在完全成熟以前条纹为蓝色。体长 41 ~ 47 mm，腹长 30 ~ 36 mm，后翅 29 ~ 30 mm。

栖息于海拔 2000 m 以下森林中的溪流。国内分布于云南、贵州、湖北、湖南、江西、浙江、福建、广西、广东；国外分布于老挝、越南。飞行期为 6—10 月。

① 庆元异翅溪蟌 雄
② 庆元异翅溪蟌 雌

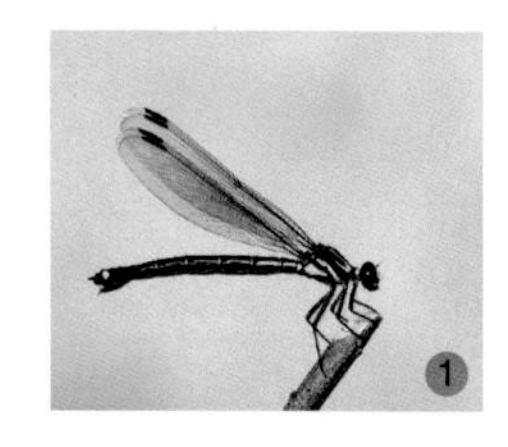

① 二齿尾溪蟌 雌 宋睿斌摄
② 二齿尾溪蟌 雄 宋睿斌摄

二齿尾溪蟌 *Bayadera bidentata* Needham, 1930

雄性面部黑色，上唇和面部侧面蓝色；胸部黑色侧面具蓝灰色粉霜，翅稍染褐色，末梢具小白斑；腹部黑色。雌性黑色具黄色条纹。体长 41 ~ 53 mm，腹长 30 ~ 40 mm，后翅 28 ~ 31 mm。

栖息于海拔 2500 m 以下森林中的溪流。国内分布于四川、贵州、湖北、浙江、福建、广西、广东；国外分布于越南。飞行期为 4—8 月。

巨齿尾溪蟌 *Bayadera melanopteryx* Ris, 1912

雄性面部黑色，上唇淡蓝色；胸部黑色具蓝灰色粉霜；翅端具甚大的褐色斑，斑的大小和形状在不同分布地的差异较大；腹部黑色。雌性黑褐色具黄色条纹，翅的色彩与雄性相似。体长 44 ~ 51 mm，腹长 34 ~ 40 mm，后翅 28 ~ 30 mm。

栖息于海拔 500 ~ 2500 m 森林中的溪流。国内广泛分布于西北、华中、华南和西南地区；国外分布于越南。飞行期为 6—9 月。

① 巨齿尾溪蟌 雄
② 巨齿尾溪蟌 雌
③ 巨齿尾溪蟌 雌雄连结
刘辉摄

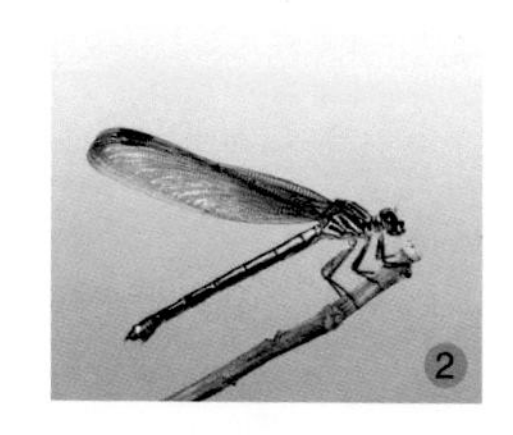

① 黑斑暗溪蟌 雄
② 黑斑暗溪蟌 雌

黑斑暗溪蟌 *Dysphaea basitincta* Martin, 1904

雄性通体黑色，腹部具甚小的黄斑；翅基方具宽阔的黑斑，翅端具略小的黑斑，中央稍染褐色。雌性黑褐色具黄色条纹，翅稍染褐色。体长 54 ~ 57 mm，腹长 40 ~ 44 mm，后翅 38 ~ 41 mm。

栖息于海拔 500 m 以下的河流和宽阔溪流。国内分布于云南（红河州）、广西、海南；国外分布于越南。飞行期为 4—7 月。

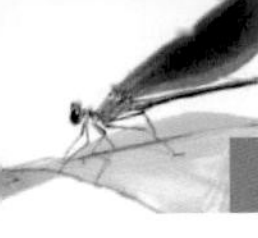

① 方带溪蟌 雄 宋睿斌摄
② 方带溪蟌 雌 严少华摄

方带溪蟌 *Euphaea decorata Hagen in* Selys, 1853

雄性面部黑色；胸部黑色具甚细的褐色条纹；前翅透明，后翅亚端部具1个甚大的黑带；腹部黑色。雌性黑褐色具黄色条纹；翅前缘染有褐色，在后翅中更显著。体长37～42 mm，腹长28～32 mm，后翅25～27 mm。

栖息于海拔1500 m以下的山区溪流。国内分布于华南和西南地区；国外分布于越南。飞行期为4—11月。

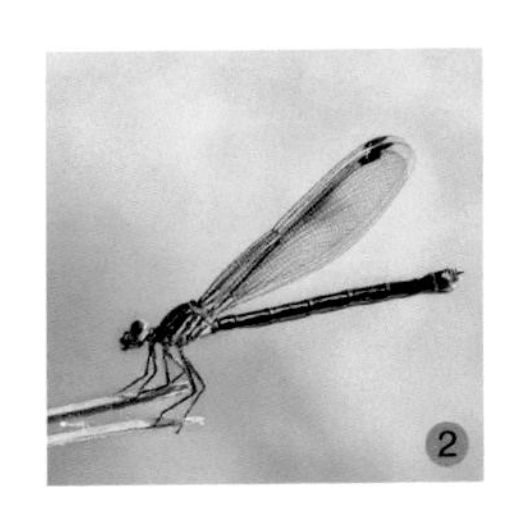

① 透顶溪蟌 雌
② 透顶溪蟌 雄

透顶溪蟌 *Euphaea masoni* Selys, 1879

雄性身体主要黑色，胸部侧面具较暗的黄色条纹；前翅在中央具 1 条黑色带，宽度为翅长的 1/2，后翅黑色，基方和端部具甚小的透明区域。雌性黑色具黄色条纹，翅透明。体长 45 ~ 48 mm，腹长 35 ~ 38 mm，后翅 28 ~ 30 mm。

栖息于海拔 1000 m 以下的河流和宽阔溪流。国内分布于云南西双版纳州、普洱市地区的低海拔环境，常见且数量庞大；国外分布于印度、缅甸、泰国、柬埔寨、老挝、越南。全年可见，但春夏季种群数量最大。

黄翅溪蟌 *Euphaea ochracea* Selys, 1859

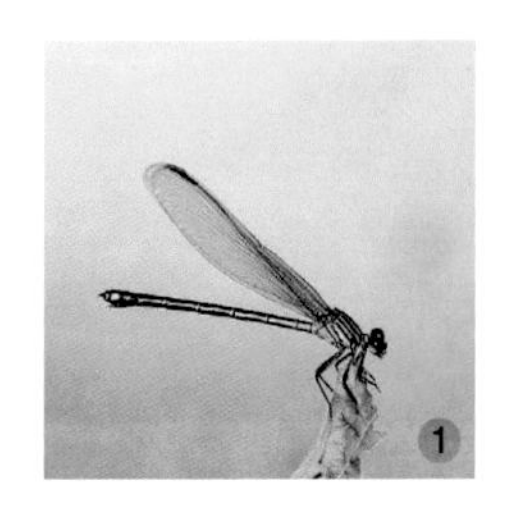

① 黄翅溪蟌 雌

② 黄翅溪蟌 雄

雄性面部黑色；胸部黑色具红褐色圆圈形条纹；翅染具红褐色，前翅的红褐色区域略超过翅的 1/2，后翅则伸达翅痣处；腹部黑色，第 1 ~ 6 节侧缘具红褐色条纹。雌性黑色具黄色条纹；翅透明，基方稍染褐色。体长 41 ~ 46 mm，腹长 31 ~ 35 mm，后翅 26 ~ 30 mm。

栖息于海拔 1500 m 以下的山区溪流。国内广布于云南；国外广布于南亚、东南亚地区。飞行期为 4—12 月。

① 褐翅溪蟌 雄 宋睿斌摄
② 褐翅溪蟌 雌

褐翅溪蟌 *Euphaea opaca* Selys, 1853

雄性身体主要黑色；胸部和腹部具甚细的褐色条纹；翅深褐色。雌性黑色具黄色条纹；翅透明，前缘基方染褐色。体长 55 ~ 60 mm，腹长 40 ~ 46 mm，后翅 37 ~ 40 mm。

栖息于海拔 500 m 以下的溪流和河流。中国特有，分布于安徽、浙江、福建、广东、香港。飞行期为 4—8 月。

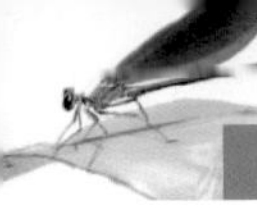

宽带溪蟌 *Euphaea ornata* (Campion, 1924)

① 宽带溪蟌 雄 吴宏道摄
② 宽带溪蟌 雌

雄性面部黑色；胸部黑色具黄褐色条纹；前翅透明，基方稍染褐色，后翅中央显著加阔，具1条红褐色宽带，基方和端方透明；腹部黑色，第1 ~ 6节侧缘具黄褐色条纹。雌性黑色具黄色条纹；翅透明，基方稍染褐色。体长39 ~ 47 mm，腹长29 ~ 37 mm，后翅27 ~ 29 mm。

栖息于海拔1500 m以下的山区溪流。中国海南特有。飞行期为3—11月。

大溪蟌科 Family Philogangidae

本科仅包含 1 属，大溪蟌属，主要分布于东洋界。本科是体型粗壮的大型豆娘，栖息于茂盛森林中的溪流。翅基方具明显的翅柄，停歇时翅展开。

本科多数时间停歇在树干或树枝上，腹部稍微翘起。欲交配的雄性停落在水面附近。交尾在树上完成，持续较长时间。交尾结束后雄性护卫雌性，雌性将卵产在悬于水面上方的树枝上。

壮大溪蟌指名亚种 雄

壮大溪蟌指名亚种

Philoganga robusta robusta Navás, 1936

雄性复眼深蓝色，面部黑色，上唇具黄色斑；胸部黑色，合胸脊两侧具1对甚细的黄色条纹，肩前条纹显著，合胸侧面具2条宽阔的黄色条纹；腹部黑色具黄色斑纹。雌性与雄性相似，但腹部更粗壮。体长65 ~ 77 mm，腹长46 ~ 57 mm，后翅49 ~ 59 mm。

栖息于海拔1500 m以下森林中的溪流。国内分布于四川、贵州、云南、陕西、河南、湖北、湖南、江西、浙江、福建、广西、广东、海南；国外分布于越南。飞行期为4—8月。

① 壮大溪蟌指名亚种 雌
宋睿斌摄

② 壮大溪蟌指名亚种 雄

① 大溪蟌 雄 宋睿斌摄
② 大溪蟌 雌 宋睿斌摄

大溪蟌 *Philoganga vetusta* Ris, 1912

雄性复眼上方黑色下方深蓝色，上唇具黄色斑；胸部黑色，合胸脊两侧具1对甚细的黄色条纹，肩前条纹有时完整，有时仅为下半段，有时缺失，合胸侧面具2条宽阔的黄色条纹；腹部橙色和黑色。雌性更粗壮，腹部黑色，各节具黄绿色斑纹，第9节背面具1个甚大的"T"字形斑，与雌性的壮大溪蟌不同。本种身体色彩地区变异较大。体长57 ~ 73 mm，腹长42 ~ 56 mm，后翅45 ~ 55 mm。

栖息于海拔1500 m以下森林中的溪流。国内分布于云南（红河州）、四川、贵州、湖南、江西、浙江、福建、广西、广东、海南、香港；国外分布于老挝、越南。飞行期为3—7月。

黑山蟌科 Family Philosinidae

本科仅包括 2 属，共计 12 种，仅分布于东洋界。中国已知 2 属 3 种，主要分布于华南和西南地区。本科体型粗壮，翅具明显的翅柄，停歇时翅展开，身体通常具非常鲜艳的色彩或身披浓密的白色粉霜。

本科栖息于较低海拔的河流和森林中的溪流。雄性会停落在水面附近的遮蔽环境中占据领地。它们的飞行能力非常强，可以像蜻蜓一样悬停，而且行动敏捷，不容易靠近。

红尾黑山蟌 雄

① 红尾黑山蟌 雄
② 红尾黑山蟌 雌

红尾黑山蟌 *Philosina buchi* Ris, 1917

雄性复眼蓝黑色，面部黑色覆盖白色粉霜；胸部黑色，肩前条纹和侧面的条纹被白色粉霜覆盖，翅端具小褐色斑；腹部覆盖白色粉霜，第 7 ~ 9 节红色。雌性黑色具黄色条纹。体长 58 ~ 60 mm，腹长 44 ~ 45 mm，后翅 37 ~ 38 mm。

栖息于海拔 1000 m 以下的溪流和河流。国内分布于四川、贵州、福建、广西、广东；国外分布于越南。飞行期为 4—8 月。

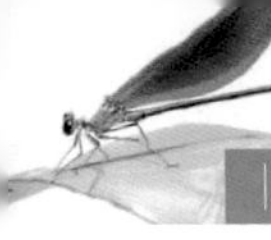

丽拟丝蟌 雄

拟丝蟌科 Family Pseudolestidae

本科全世界仅 1 种，丽拟丝蟌。这是一种体型较小的豆娘，为中国海南特有，其最显著的特征是后翅长度仅为前翅的 3/4，雄性的后翅具金色、银色和黑色斑，雌性的翅则具黑色、褐色和白色斑。

本科广泛分布于全岛茂盛森林中的溪流，多栖息于光线较暗的环境。雄性在小溪边缘占据领地，通常停立于植物的叶片或枝条顶端。雄性常会展开激烈的争斗，面对面飞行，腹部翘起，后翅伸向下，有时会有多只雄性参与争斗。交尾时停落在溪流边缘，交尾结束后雌性先是停歇一段时间，雄性护卫其身旁，然后飞到溪边寻找合适的产卵地点。雌性通常在泥土和朽木上产卵。

① 丽拟丝蟌 雌 宋睿斌摄
② 丽拟丝蟌 雄

丽拟丝蟌 *Pseudolestes mirabilis* Kirby, 1900

雄性面部主要蓝色；胸部黑色侧面具黄色细条纹，前翅透明，后翅正面黑色，中央和端部具金色斑，背面黑色，中央和亚端方具银色“鳞片”；腹部黑色，第 1 节侧面具黄色条纹。雌性前翅透明，后翅琥珀色，亚端方具 1 个较大的深褐色斑和白色小端斑。体长 37 ~ 40 mm，腹长 27 ~ 31 mm，前翅 28 ~ 29 mm，后翅 21 ~ 22 mm。

栖息于海拔 1500 m 以下森林中的溪流、渗流地和小型瀑布。中国海南特有。飞行期为 3—10 月。

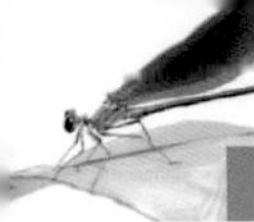

丝蟌科 Family Lestidae

本科全球已知 9 属 150 余种，世界性分布。中国已知 4 属 20 余种，全国广布。本科体型从小型至大型不等，多数是中小型豆娘。翅通常透明，具较长翅柄和翅痣，结前横脉通常 2 条，弓脉位于第 2 条结前横脉以下。有些种类停歇时翅半张开。

本科栖息于水草丛生的湿地和山区溪流。雄性通常会停歇在挺水植物的茎干上，或者吊挂在具有林荫遮蔽的水潭上方。许多种类以雌雄串联的方式产卵。

桨尾丝蟌 交尾 温雨川摄

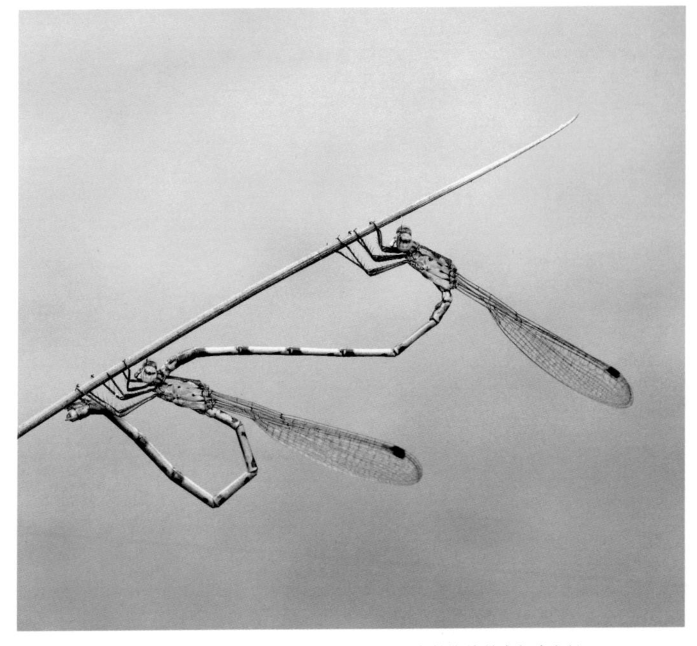

奇印丝蟌 连结产卵 秦彧摄

奇印丝蟌 *Indolestes peregrinus* (Ris, 1916)

雄性面部黑褐色，上唇淡蓝色；胸部蓝色，合胸脊具1条黑色条纹，翅透明；腹部蓝色具黑褐色斑。雌性微染淡蓝色具黑褐色斑纹。体长34 ~ 36 mm，腹长27 ~ 29 mm，后翅19 ~ 20 mm。

栖息于海拔2500 m以下的湿地和水稻田。国内分布于云南、贵州、安徽、湖北、广东、台湾；国外分布于朝鲜半岛、日本。全年可见，以成虫越冬。

足尾丝蟌 连结产卵 莫善濂摄

足尾丝蟌 *Lestes dryas* Kirby, 1890

雄性复眼深蓝色，面部金属绿色；胸部墨绿色具金属光泽，侧面覆盖蓝灰色粉霜；腹部墨绿色具金属光泽，第 1 ~ 3 节、第 8 ~ 10 节覆盖白色粉霜。雌性身体青铜色具黄色条纹，产卵管超出第 10 节末端。体长 38 ~ 41 mm，腹长 29 ~ 32 mm，后翅 22 ~ 25 mm。

栖息于海拔 1000 m 以下挺水植物茂盛的湿地。国内分布于黑龙江、吉林、辽宁、内蒙古、河北；国外广布于欧亚大陆北部从爱尔兰至中国和日本的区域、北美洲。飞行期为 6—9 月。

① 蕾尾丝蟌 雌 宋睿斌摄
② 蕾尾丝蟌 雄 宋睿斌摄

蕾尾丝蟌 *Lestes nodalis* Selys, 1891

雄性复眼蓝色，面部褐色；胸部灰色具蓝色条纹；腹部大面积蓝色，第 7 ~ 8 节黑色。雌性通体黄褐色。体长 38 ~ 41 mm，腹长 28 ~ 33 mm，后翅 19 ~ 20 mm。

栖息于海拔 1500 m 以下挺水植物茂盛的湿地。国内分布于云南、广西、广东、香港；国外分布于印度、缅甸、泰国、柬埔寨、老挝。飞行期为 2—12 月。

舟尾丝蟌 *Lestes praemorsus* Hagen in Selys, 1862

雄性复眼蓝色，面部褐色；胸部覆盖蓝灰色粉霜，具甚小的圆形黑斑；腹部主要黑色，侧缘具白色条纹，第 9 ~ 10 节覆盖白色粉霜。雌性胸部覆盖蓝灰色粉霜，合胸脊两侧具黑褐色斑纹；腹部黑褐色具白色条纹。体长 37 ~ 42 mm，腹长 29 ~ 35 mm，后翅 20 ~ 23 mm。

栖息于海拔 2500 m 以下挺水植物茂盛的湿地。国内分布于云南、四川、福建、海南、广东、香港、台湾；国外广布于南亚、东南亚。飞行期为 2—11 月。

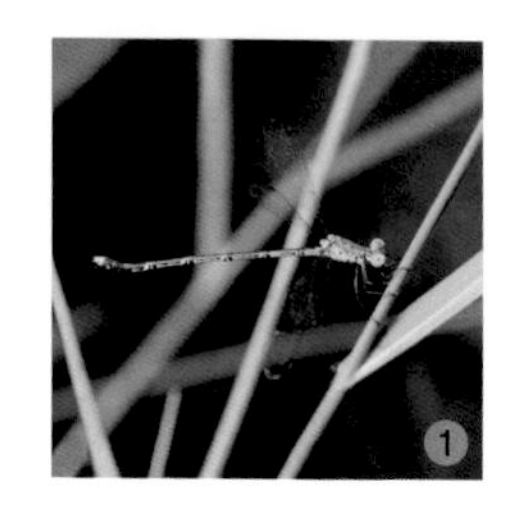

① 舟尾丝蟌 雌
② 舟尾丝蟌 雄

① 桨尾丝蟌 雄 温雨川摄
② 桨尾丝蟌 雌 温雨川摄
③ 足尾丝蟌 雄性肛附器
④ 桨尾丝蟌 雄性肛附器

桨尾丝蟌 *Lestes sponsa* (Hansemann, 1823)

本种与足尾丝蟌极为相似，但雄性的下肛附器较长，末端平直，雌性产卵管未超出第 10 腹节末端。体长 36 ~ 41 mm，腹长 29 ~ 33 mm，后翅 20 ~ 23 mm。

栖息于海拔 2000 m 以下挺水植物茂盛的湿地。国内分布于黑龙江、吉林、辽宁、内蒙古、湖北；国外分布于朝鲜半岛、日本、欧洲。飞行期为 6—9 月。

三叶黄丝蟌 连结产卵 金洪光摄

三叶黄丝蟌 *Sympecma paedisca* (Brauer, 1877)

两性身体淡褐色具黑褐色斑纹。体长 31 ~ 34 mm，腹长 25 ~ 26 mm，后翅 19 ~ 20 m。

栖息于海拔 1000 m 以下挺水植物茂盛的湿地。国内分布于黑龙江、吉林、内蒙古、新疆、甘肃、北京；国外分布于朝鲜半岛、日本、欧洲。飞行期为 4—10 月。

综蟌科 Family Synlestidae

本科全球已知 9 属 30 余种，分布于亚洲、非洲和大洋洲。中国已知 2 属 10 余种，主要分布于华中、华南和西南地区。本科是体型较大的豆娘，身体通常具有金属光泽；翅较窄且透明，具翅柄，停歇时翅展开；腹部细长，末端常覆盖粉霜。

本科栖息于森林中的溪流和水潭。由于飞行能力较差，它们长时间停落在水边的树枝上。雄性会悬挂在水面上的树枝等待雌性。有时雌雄连结产卵，有时雌性单独产卵而雄性护卫，卵通常是产在树枝上或挺水植物的茎干中。

泰国绿综蟌 雄

褐尾绿综蟌 *Megalestes distans* Needham, 1930

雄性复眼蓝色；面部和胸部墨绿色具金属光泽，合胸侧面具黄色条纹，随年纪增长逐渐覆盖粉霜；腹部黑褐色，第 9 ~ 10 节覆盖白色粉霜。雌性与雄性相似，色彩稍淡，腹部末端具黄色斑。体长 60 ~ 64 mm，腹长 50 ~ 52 mm，后翅 32 ~ 40 mm。

栖息于海拔 500 ~ 2000 m 森林中的水潭和林荫小溪。国内分布于甘肃、湖北、四川、重庆、贵州、江西、广西、广东；国外分布于越南。飞行期为 6—10 月。

① 褐尾绿综蟌 雄性肛附器
② 褐尾绿综蟌 连结产卵

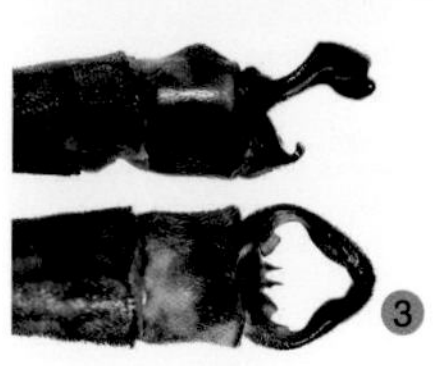

① 泰国绿综蟌 雄
② 泰国绿综蟌 雌
③ 泰国绿综蟌 雄性肛附器

泰国绿综蟌 *Megalestes kurahashii* Asahina, 1985

雄性复眼蓝绿色；面部和胸部墨绿色具金属光泽，合胸侧面具黄色条纹，随年纪增长逐渐覆盖粉霜；腹部第1～2节金属绿色，第3～10节褐色。雌性青铜色具黄色条纹。体长60～72mm，腹长48～60mm，后翅35～38mm。

栖息于海拔1000～2500m森林中的溪流、沟渠和水潭。国内分布于云南；国外分布于印度、泰国。飞行期为5—12月。

黄肩华综蟌 *Sinolestes edita* Needham, 1930

雄性复眼蓝色；面部和胸部墨绿色具金属光泽，胸部具肩前条纹，合胸侧面具2条宽阔的黄色条纹，翅透明或具黑褐色带；腹部黑褐色稍带金属光泽，第1 ~ 8节侧面具淡黄色斑，第9 ~ 10节覆盖白色粉霜。雌性与雄性相似，翅透明。体长60 ~ 71 mm，腹长49 ~ 58 mm，后翅37 ~ 40 mm。

栖息于海拔500 ~ 2000 m森林中的溪流、沟渠和水潭。国内分布于四川、贵州、湖北、安徽、浙江、福建、广西、广东、海南、台湾；国外分布于越南。飞行期为4—6月。

① 黄肩华综蟌 雄 宋睿斌摄
② 黄肩华综蟌 雌 宋睿斌摄

扇蟌科 Family Platycnemididae

本科全球已知 40 属超过 400 种，世界性分布。中国已知 7 属 40 余种，全国广布。本科是一类体小型至中型、腹部细长且体色艳丽的豆娘；翅通常透明并具较长的翅柄，翅痣很短，呈平行四边形，四边室长矩形；足上具长刺。

本科栖息于湿地、溪流和具渗流的石壁等多种生境。很多种类栖息于较阴暗的环境。雄性经常停立在水边的叶片上或者悬挂在树枝上占据领地。多数种类雌雄串联产卵。

叶足扇蟌 连结产卵 刘辉摄

朱腹丽扇蟌 *Calicnemia eximia* (Selys, 1863)

雄性面部黑色具红色条纹；胸部黑色，具橙红色的肩前条纹，合胸侧面具 2 条黄色条纹；腹部红色。雌性胸部黑色具黄色条纹，腹部黄褐色。体长 34 ~ 41 mm，腹长 27 ~ 34 mm，后翅 21 ~ 25 mm。

栖息于海拔 2500 m 以下森林中的渗流地和具有滴流的石壁。国内分布于西藏、四川、贵州、云南、广西、台湾；国外分布于孟加拉国、不丹、印度、尼泊尔、缅甸、泰国、老挝、越南。飞行期为 4—11 月。

① 朱腹丽扇蟌 雌
② 朱腹丽扇蟌 雄

华丽扇蟌 雌雄连结 宋睿斌摄

华丽扇蟌 *Calicnemia sinensis* Lieftinck, 1984

雄性面部黑色具褐色条纹；胸部黑色，具灰色的肩前条纹，合胸侧面具 2 条蓝灰色或黄白色条纹；腹部粉红色，有时具黑色斑。雌性胸部黑色具淡黄色条纹，腹部褐色具黑色条纹。体长 35 ~ 42 mm，腹长 27 ~ 34 mm，后翅 20 ~ 24 mm。

栖息于海拔 1500 m 以下森林中的渗流地、沟渠和具有滴流的石壁。中国特有，分布于湖南、浙江、福建、广东、香港。飞行期为 5—9 月。

金脊长腹扇蟌 *Coeliccia chromothorax* (Selys, 1891)

① 金脊长腹扇蟌 雄
② 金脊长腹扇蟌 雌

雄性面部黑色；胸部黑色具甚阔的金色肩前条纹，合胸侧面具2条黄色条纹；腹部黑色，肛附器黄色。雌性胸部条纹为黄色，腹部第8 ~ 10节具白斑。体长47 ~ 55 mm，腹长39 ~ 47 mm，后翅24 ~ 29 mm。

栖息于海拔2000 m以下森林中的林荫小溪、渗流地和小型水潭。国内分布于云南；国外分布于缅甸、泰国、老挝、越南。飞行期为3—12月。

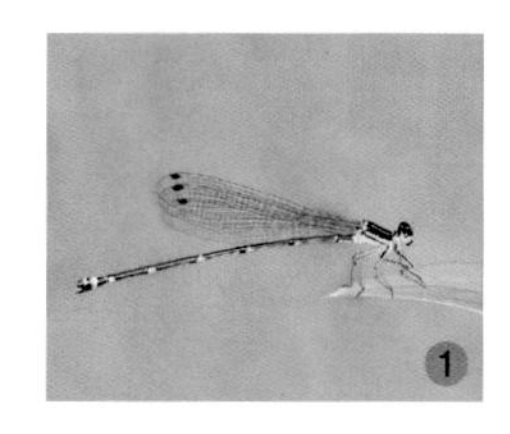

① 黄纹长腹扇蟌 雌 吴宏道摄
② 黄纹长腹扇蟌 雄 宋睿斌摄

黄纹长腹扇蟌 *Coeliccia cyanomelas* Ris, 1912

雄性面部黑色具蓝色斑纹；胸部黑色，背面具4个淡蓝色斑，侧面具2条淡蓝色条纹；腹部黑色，第1 ~ 7节侧面具蓝白色斑，第8 ~ 10节和肛附器淡蓝色。雌性胸部具黄色条纹；腹部黑色，第8 ~ 9节具白斑。体长46 ~ 51 mm，腹长39 ~ 44 mm，后翅24 ~ 27 mm。

栖息于海拔2000 m以下森林中的林荫小溪、渗流地和小型水潭。国内分布于西北、华中、华南、西南地区；国外分布于老挝、越南。飞行期为4—10月。

海南长腹扇蟌 *Coeliccia hainanense* Laidlaw, 1932

雄性面部黑色；胸部黑色，背面具 1 对黄色斑，侧面具 2 条黄色条纹；腹部黑色，第 1 ~ 7 节具白斑，第 8 节后缘、第 9 ~ 10 节及肛附器黄色。雌性胸部黑色具黄绿色条纹，腹部黑色具白斑。体长 56 ~ 58 mm，腹长 47 ~ 50 mm，后翅 29 ~ 33 mm。

栖息于海拔 1500 m 以下森林中的林荫小溪、渗流地和小型水潭。中国海南特有。全年可见。

海南长腹扇蟌 连结产卵

蓝脊长腹扇蟌 连结产卵

蓝脊长腹扇蟌 *Coeliccia poungyi* Fraser, 1924

雄性面部黑色；胸部黑色具甚阔的天蓝色肩前条纹，侧面具2条天蓝色条纹；腹部黑色，第9 ~ 10节和肛附器黄色。雌性胸部黑色具黄色条纹，腹部第8 ~ 10节具大面积黄色斑。体长46 ~ 50 mm，腹长38 ~ 42 mm，后翅24 ~ 29 mm。

栖息于海拔1500 m以下森林中的林荫小溪、渗流地和小型水潭。国内分布于云南、广西；国外分布于缅甸、泰国、老挝。全年可见。

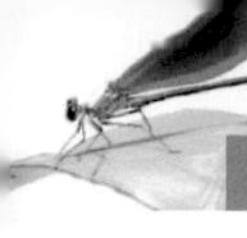

白狭扇蟌 *Copera annulata* (Selys, 1863)

① 白狭扇蟌 雄 许明岗摄
② 白狭扇蟌 雌 许明岗摄

雄性面部黑色具淡蓝色条纹；胸部黑色具蓝白色的肩前条纹，侧面具 2 条蓝白色条纹，足主要白色，腿节端方 1/2 黑色，胫节稍微膨大；腹部黑色，第 9 ~ 10 节和肛附器蓝白色。雌性黑褐色具黄色或蓝白色条纹。体长 43 ~ 45 mm，腹长 37 ~ 38 mm，后翅 22 ~ 24 mm。

栖息于海拔 1500 m 以下水草茂盛的湿地。国内分布于北京、陕西、四川、重庆、云南、贵州、湖北、浙江、福建、广西；国外分布于朝鲜半岛、日本。飞行期为 5—9 月。

毛狭扇蟌 *Copera ciliata* (Selys, 1863)

本种与白狭扇蟌近似，但可通过足的色彩区分，雄性腿节的黑色区域明显少于后者，腿节端方 1/4 ~ 1/3 黑色。体长 42 ~ 47 mm，腹长 34 ~ 39 mm，后翅 20 ~ 24 mm。

栖息于海拔 1500 m 以下水草茂盛的湿地和溪流。国内分布于云南、贵州、广西、广东、香港、台湾；国外广布于南亚、东南亚。全年可见。

毛狭扇蟌 交尾 *严少华摄*

黄狭扇蟌 *Copera marginipes* (Rambur, 1842)

雄性面部黑色具黄色条纹；胸部黑色具黄色条纹，足黄色，胫节稍微膨大；腹部黑色，第 8 节末端至第 10 节及肛附器白色，上肛附器短。雌性未熟时为白色，成熟以后有较多色型；胫节未膨大。体长 34 ~ 39 mm，腹长 28 ~ 31 mm，后翅 16 ~ 20 mm。

栖息于海拔 1500 m 以下的湿地、河流和溪流。国内分布于云南、贵州、浙江、福建、广东、广西、海南、香港、台湾；国外广布于南亚、东南亚。全年可见。

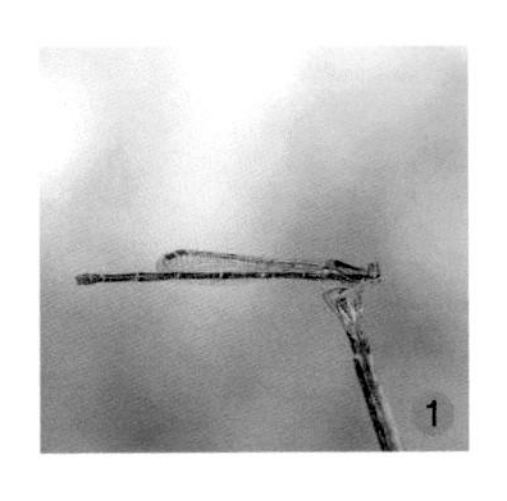

① 黄狭扇蟌 雌 宋睿斌摄
② 黄狭扇蟌 雄 宋睿斌摄

① 黑狭扇蟌 雄 陈炜摄
② 黑狭扇蟌 雌 温雨川摄

黑狭扇蟌 *Copera tokyoensis* (Asahina, 1948)

雄性面部黑色具白色条纹；胸部黑色，侧面具 2 条白色条纹；足黑色和白色，腿节端方 2/3 黑色，胫节稍微膨大；腹部黑色，第 10 节及肛附器蓝白色。雌性黑褐色具黄色条纹，胸部具淡黄色的肩前条纹。体长 33 ~ 36 mm，腹长 22 ~ 28 mm，后翅 16 ~ 17 mm。

栖息于海拔 1000 m 以下水草茂盛的湿地。国内分布于北京、天津、安徽、江苏、湖北；国外分布于朝鲜半岛、日本、西伯利亚。飞行期为 4—9 月。

叶足扇蟌 *Platycnemis phyllopoda* Djakonov, 1926

雄性面部黑色，上唇和唇基淡蓝色；胸部黑色具淡黄色的肩条纹和肩前条纹，侧面具 2 条黄色条纹，中足和后足的胫节叶片状；腹部黑色具白色斑纹，肛附器白色。雌性黑色具黄色条纹，足的胫节未膨大。体长 33 ~ 34 mm，腹长 26 ~ 27 mm，后翅 16 ~ 17 mm。

栖息于海拔 2000 m 以下流速缓慢的溪流和湿地。国内分布于黑龙江、辽宁、北京、云南、山东、天津、重庆、湖北、江苏、江西、浙江；国外分布于西伯利亚、朝鲜半岛。飞行期为 4—10 月。

① 叶足扇蟌 雄 吕非摄
② 叶足扇蟌 雌 温雨川摄

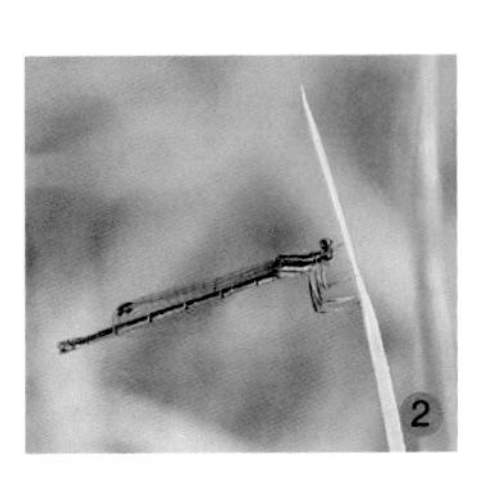

① 乌微桥原蟌 雌 严少华摄
② 乌微桥原蟌 雄 吴宏道摄

乌微桥原蟌 *Prodasineura autumnalis* (Fraser, 1922)

雄性通体黑褐色，胸部侧面稍微覆盖灰色粉霜。雌性黑色具黄色条纹。体长 38 ~ 40 mm，腹长 31 ~ 34 mm，后翅 19 ~ 22 mm。

栖息于海拔 1000 m 以下的溪流和池塘。国内分布于云南、广西、广东、海南、香港、台湾；国外广布于南亚、东南亚。全年可见。

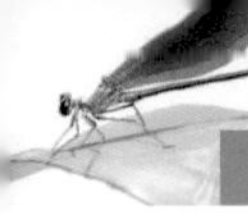

蟌科 Family Coenagrionidae Kirby, 1890

本科是蜻蜓目中最庞大的一类，已知 114 个属超过 1200 种，世界性分布，包括全世界最小和最长的蜻蜓。中国已知 13 属 70 余种，多数是体型较小的种类。本科体色鲜艳；翅透明，基方具较长的翅柄，四边室的前边短于后边，通常具 2 条结前横脉。

本科主要栖息于水草茂盛的湿地和流速缓慢具有丰富水生植物的溪流。雄性经常停落在水面的水草上占据领地。许多种类雌雄连结产卵。

蓝纹尾蟌 连结产卵 温雨川摄

针尾狭翅蟌 连结产卵 宋睿斌摄

针尾狭翅蟌 *Aciagrion migratum* (Selys,1876)

雄性面部褐色具淡蓝色条纹；胸部具黄绿色的肩前条纹，侧面蓝绿色；腹部黑色具淡蓝色条纹，第 8 ~ 10 节淡蓝色。雌性黑色具黄色条纹。体长 28 ~ 34 mm，腹长 24 ~ 29 mm，后翅 15 ~ 21 mm。

栖息于海拔 2000 m 以下水草茂盛的湿地和水稻田。国内分布于云南、贵州、四川、江西、浙江、福建、广东、广西、海南、台湾；国外分布于朝鲜半岛、日本。全年可见。

杯斑小蟌 *Agriocnemis femina* (Brauer, 1868)

雄性胸部覆盖浓密的白色粉霜，腹部未熟时末端橙黄色，成熟后黑色。雌性未熟时为红色，成熟后绿色或黄色具黑色条纹。体长 21 ~ 25 mm，腹长 16 ~ 18 mm，后翅 10 ~ 11 mm。

栖息于海拔 2000 m 以下水草茂盛的湿地和水稻田。国内分布于华中、华南、西南地区；国外分布于日本、南亚、东南亚、大洋洲。全年可见。

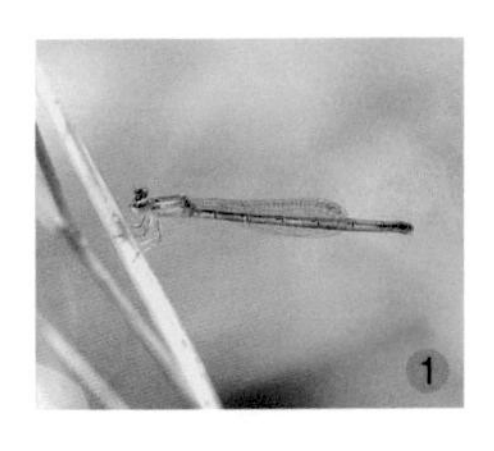

① 杯斑小蟌 雌 宋睿斌摄
② 杯斑小蟌 雄 宋睿斌摄

① 白腹小蟌 雄 宋睿斌摄
② 白腹小蟌 雌 宋睿斌摄

白腹小蟌 *Agriocnemis lacteola* Selys, 1877

雄性身体大面积白色，头部、胸部背面和腹部第 1 ~ 3 节具黑色斑。雌性身体黑色具黄绿色斑纹。体长 21 ~ 25 mm，腹长 16 ~ 18 mm，后翅 10 ~ 11 mm。

栖息于海拔 500 m 以下水草茂盛的湿地和水稻田。国内分布于湖北、云南、广西、广东、海南、香港；国外分布于孟加拉国、印度、尼泊尔、泰国、柬埔寨、越南。飞行期为 3—11 月。

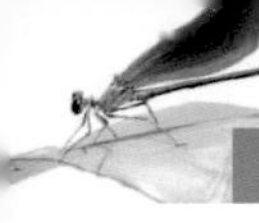

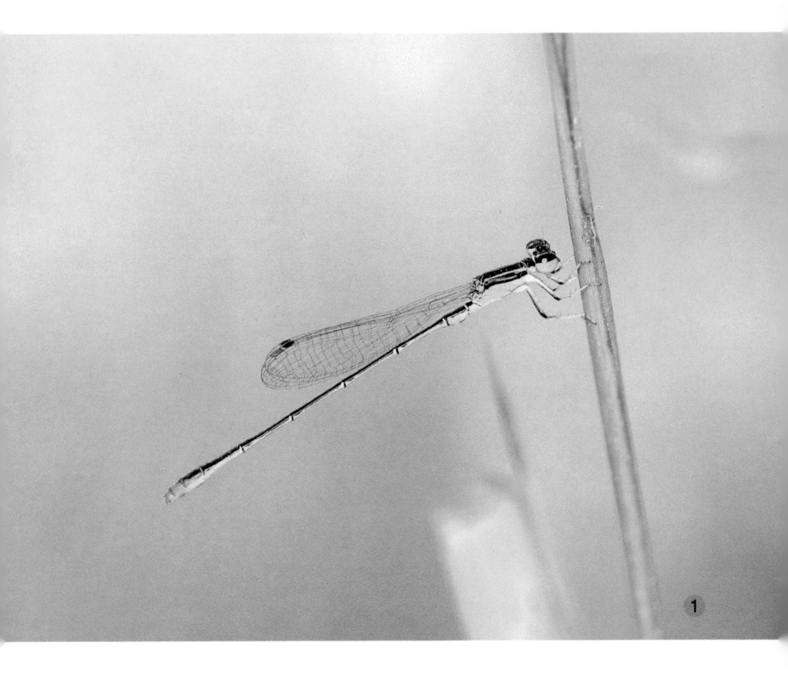

黄尾小蟌 *Agriocnemis pygmaea* (Rambur, 1842)

① 黄尾小蟌 雄 宋睿斌摄
② 黄尾小蟌 雌 宋睿斌摄

雄性黑色具黄绿色条纹，腹部末端橙黄色。雌性黑色具黄绿色或绿色条纹。本种与杯斑小蟌相似，但雄性下肛附器短于上肛附器，而杯斑小蟌下肛附器明显长于上肛附器。体长21 ~ 25 mm，腹长16 ~ 18 mm，后翅9 ~ 12 mm。

栖息于海拔1000 m以下水草茂盛的湿地和水稻田。国内分布于华中、华南、西南地区；国外分布于日本、南亚、东南亚、大洋洲。全年可见。

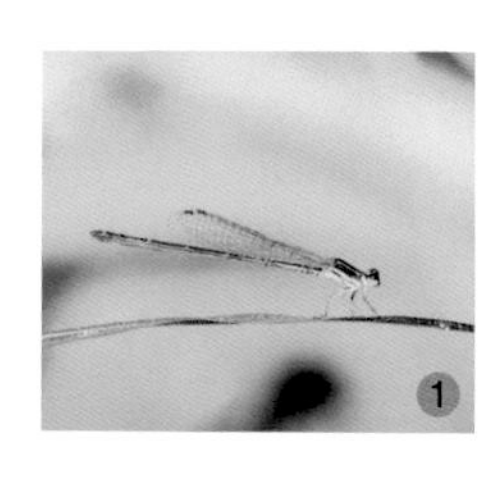

① 蓝唇黑蟌 雌
② 蓝唇黑蟌 雄

蓝唇黑蟌 *Argiocnemis rubescens* Selys, 1877

雄性未熟时腹部红色；成熟后身体黑色具蓝色条纹；老熟后身体黑色具黄褐色条纹，胸部和腹部稍微覆盖灰色粉霜。雌性与雄性相似，随年纪的不同色彩略有差异。体长 33 ~ 36 mm，腹长 26 ~ 30 mm，后翅 16 ~ 20 mm。

栖息于海拔 1000 m 以下水草茂盛的湿地。国内分布于云南；国外分布于南亚、东南亚、大洋洲。全年可见。

翠胸黄蟌 *Ceriagrion auranticum ryukyuanum* Asahina, 1967

雄性复眼绿色，面部红褐色，胸部绿色，腹部橙红色。雌性头部和胸部与雄性相似，腹部浅褐色或橙红色。体长 33 ~ 41 mm，腹长 28 ~ 35 mm，后翅 17 ~ 23 mm。

栖息于海拔 1500 m 以下水草茂盛的湿地。国内分布于云南、湖北、湖南、浙江、福建、广西、广东、海南、香港、台湾；国外分布于朝鲜半岛、日本、南亚、东南亚。全年可见。

翠胸黄蟌 交尾 *严少华摄*

天蓝黄蟌 雌雄连结 宋睿斌摄

天蓝黄蟌 *Ceriagrion azureum* (Selys, 1891)

雄性通体蓝色，腹部第 8 ~ 10 节黑色。雌性通体绿褐色。广东雄性色彩较淡，翅稍染褐色。两者是否同种有待确定。体长 43 ~ 45 mm，腹长 35 ~ 38 mm，后翅 23 ~ 24 mm。

栖息于海拔 1500 m 以下水草茂盛的湿地和水稻田。国内分布于云南、广西、广东；国外广布于南亚、东南亚。全年可见。

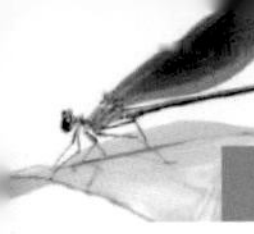

长尾黄蟌 雌雄连结 宋睿斌摄

长尾黄蟌 *Ceriagrion fallax* Ris, 1914

雄性面部和胸部黄绿色；腹部黄色，第 7 ～ 10 节具黑色斑。雌性头部和胸部黄绿色；腹部褐色，末端黑色。体长 37 ～ 47 mm，腹长 30 ～ 38 mm，后翅 20 ～ 24 mm。

栖息于海拔 2500 m 以下水草茂盛的湿地。国内分布于华中、华南、西南地区；国外广布于南亚、东南亚。全年可见。

① 短尾黄蟌 雌 宋睿斌摄
② 短尾黄蟌 雄 许明岗摄

短尾黄蟌 *Ceriagrion melanurum* Selys, 1876

本种与长尾黄蟌相似，但雄性上肛附器甚短，约为第 10 节长度的 1/3，而长尾黄蟌的上肛附器较长，约为第 10 节长度的 2/3。体长 40 ~ 44 mm，腹长 33 ~ 35 mm，后翅 23 ~ 24 mm。

栖息于海拔 2500 m 以下水草茂盛的湿地。国内广布于华中、华南、西南地区；国外分布于朝鲜半岛、日本。飞行期为 5—10 月。

赤黄蟌 *Ceriagrion nipponicum* Asahina, 1967

雄性头部和胸部红褐色，腹部红色。雌性头部和胸部绿色，腹部褐色。体长 36 ~ 41 mm，腹长 29 ~ 33 mm，后翅 20 ~ 21 mm。

栖息于海拔 1500 m 以下水草茂盛的湿地。国内分布于四川、贵州、湖北、江苏、浙江、福建、台湾；国外分布于朝鲜半岛、日本。飞行期为 4—10 月。

赤黄蟌 连结产卵 温雨川摄

纤腹蟌 *Coenagrion johanssoni* (Wallengren, 1894)

雄性面部黑色具蓝色斑纹；胸部具蓝色肩前条纹，侧面蓝色；腹部黑色具蓝色条纹。雌性黑色具淡蓝色条纹。体长 27 ~ 30 mm，腹长 20 ~ 24 mm，后翅 15 ~ 19 mm。

栖息于海拔 500 m 以下水草茂盛的池塘。国内分布于黑龙江、吉林、内蒙古、新疆、河北；国外从欧洲东北部经西伯利亚至朝鲜半岛广布。飞行期为 5—7 月。

纤腹蟌 连结产卵 金洪光摄

矛斑蟌 *Coenagrion lanceolatum* (Selys, 1872)

① 矛斑蟌 雄 金洪光摄
② 矛斑蟌 雌 莫善濂摄

雄性面部黑色具蓝色斑纹；胸部具天蓝色肩前条纹，侧面天蓝色；腹部蓝色具黑色条纹。雌性多型，身体淡蓝色、绿色或黄色具黑色条纹。体长 35 ~ 36 mm，腹长 28 ~ 29 mm，后翅 21 ~ 22 mm。

栖息于海拔 500 m 以下水草茂盛的池塘。国内分布于黑龙江、吉林；国外分布于朝鲜半岛、日本、西伯利亚。飞行期为 5—7 月。

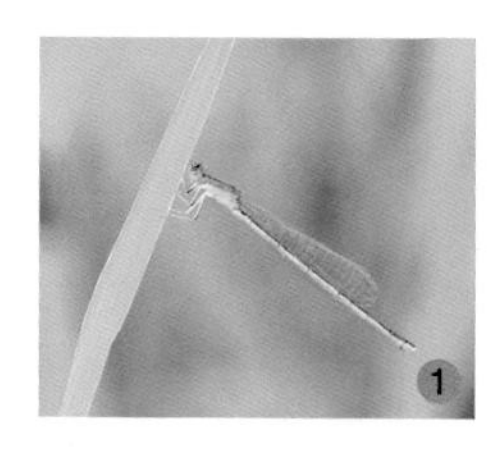

① 东亚异痣蟌 雌 陈炜摄
② 东亚异痣蟌 雄 陈炜摄

东亚异痣蟌 *Ischnura asiatica* (Brauer, 1865)

雄性面部黑色具蓝色斑点；胸部背面黑色，具黄绿色的肩前条纹，侧面黄绿色；腹部黑色，侧面具黄色条纹，第 8 ~ 10 节具蓝色斑。雌性未熟时红色，成熟后黄绿色或褐色具黑色条纹。体长 27 ~ 29 mm，腹长 22 ~ 24 mm，后翅 10 ~ 11 mm。

栖息于海拔 2000 m 以下水草茂盛的池塘和水稻田。国内分布于东北、华北、华中、西南地区；国外分布于朝鲜半岛、日本、西伯利亚。飞行期为 2—10 月。

长叶异痣蟌 *Ischnura elegans* (Vander Linden, 1820)

雄性面部黑色具蓝色和绿色斑纹；胸部背面黑色，具蓝色的肩前条纹，侧面蓝色；腹部黑色，第1～3节、第7～10节具蓝色斑。雌性多型，未熟时身体蓝紫色、橙色或黄色，成熟后身体大面积蓝色或黄色。体长30～35 mm，腹长22～30 mm，后翅14～23 mm。

栖息于海拔1000 m以下水草茂盛的池塘、水稻田和流速缓慢的溪流。国内分布于东北、华北地区；国外分布于朝鲜半岛、日本、欧洲。飞行期为5—9月。

① 长叶异痣蟌 交尾 张运磊摄

② 长叶异痣蟌 交尾 陈炜摄

赤斑异痣蟌 交尾

赤斑异痣蟌 *Ischnura rufostigma* Selys, 1876

雄性面部黑色具蓝色和绿色斑纹；胸部背面黑色，具黄绿色的肩前条纹，侧面黄绿色；腹部第 2 ~ 6 节橙色，第 7 ~ 10 节黑色，第 8 节背面有时具 1 个蓝色斑。雌性多型，全身黄褐色具黑色条纹或与雄性相似。体长 29 ~ 33 mm，腹长 23 ~ 26 mm，后翅 10 ~ 12 mm。

栖息于海拔 2500 m 以下水草茂盛的池塘、水稻田和流速缓慢的溪流。国内分布于四川、云南、贵州、福建、广西、广东；国外广布于南亚、东南亚。全年可见。

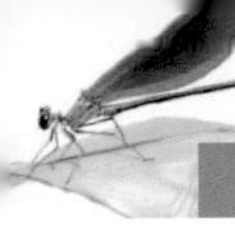

褐斑异痣蟌 交尾 吕非摄

褐斑异痣蟌 *Ischnura senegalensis* (Rambur, 1842)

雄性面部黑色具蓝色和绿色斑纹；胸部背面黑色，具黄绿色的肩前条纹，侧面黄绿色；腹部主要黑色，第 8 ~ 9 节具蓝色斑。雌性多型，身体黄绿色或淡蓝色具黑色条纹，未熟时胸部有时橙黄色。体长 28 ~ 30 mm，腹长 21 ~ 24 mm，后翅 13 ~ 16 mm。

栖息于海拔 2500 m 以下水草茂盛的池塘、水稻田和流速缓慢的溪流周边。国内分布于华中、华南、西南地区；国外广布于南亚、东南亚、非洲、日本。全年可见。

蓝纹尾蟌 *Paracercion calamorum* (Ris, 1916)

雄性面部黑色具蓝色斑点；胸部背面黑色，侧面蓝色，随年纪增长逐渐覆盖蓝灰色粉霜；腹部主要黑色，第 8 ~ 10 节具蓝色斑。雌性黄绿色具黑色条纹。体长 26 ~ 32 mm，腹长 22 ~ 25 mm，后翅 15 ~ 17 mm。

栖息于海拔 1500 m 以下水草茂盛的池塘和流速缓慢的溪流。全国广布；国外分布于朝鲜半岛、日本、西伯利亚、南亚、东南亚。飞行期为 2—11 月。

蓝纹尾蟌 交尾 宋睿斌摄

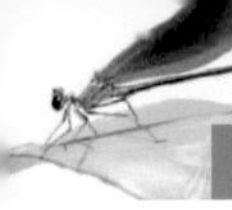

隼尾蟌 *Paracercion hieroglyphicum* (Brauer, 1865)

雄性身体蓝绿色具黑色条纹。雌性头部和胸部主要绿色，腹部橙黄色具褐色条纹。体长 25 ~ 28 mm，腹长 20 ~ 22 mm，后翅 12 ~ 15 mm。

栖息于海拔 500 m 以下水草茂盛的池塘和水库。国内分布于东北、华北、华中地区；国外分布于朝鲜半岛、日本、西伯利亚。飞行期为 4—10 月。

① 隼尾蟌 雌 刘辉摄
② 隼尾蟌 雄

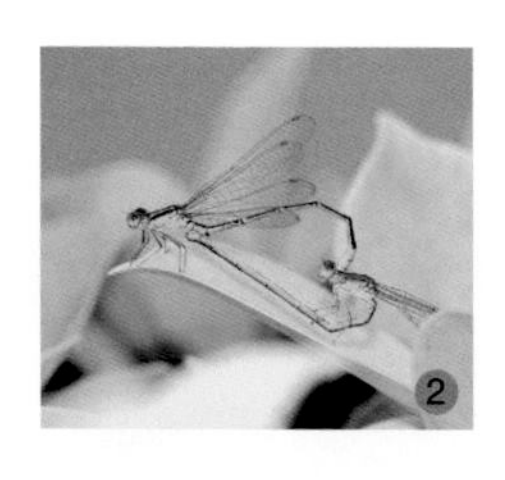

① 黑背尾蟌 雄 徐寒摄
② 黑背尾蟌 交尾 宋黎明摄

黑背尾蟌 *Paracercion melanotum* (Selys, 1876)

雄性身体主要蓝色具黑色条纹。雌性褐黄色具黑色条纹。体长 28 ~ 30 mm，腹长 21 ~ 25 mm，后翅 14 ~ 17 mm。

栖息于海拔 2500 m 以下水草茂盛的池塘和水库。国内广布；国外分布于朝鲜半岛、日本、越南。飞行期为 2—11 月。

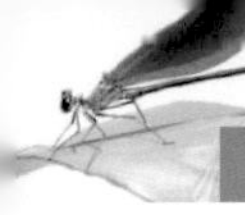

捷尾蟌 *Paracercion v-nigrum* (Needham, 1930)

雄性身体蓝色具黑色条纹。雌性多型，身体黄色或淡蓝色具黑色条纹。体长 34 ~ 38 mm，腹长 27 ~ 30 mm，后翅 20 ~ 23 mm。

栖息于海拔 2500 m 以下水草茂盛的池塘、流速缓慢的溪流和水库。国内分布于华北、华中、华南、西南地区；国外分布于朝鲜半岛、西伯利亚、越南。飞行期为 5—10 月。

捷尾蟌 连结产卵 宋睿斌摄

赤斑蟌 交尾 严少华摄

赤斑蟌 *Pseudagrion pruinosum* (Burmeister, 1839)

雄性面部红褐色；身体主要黑色，胸部侧面和腹部第 8 ~ 10 节覆盖蓝灰色粉霜。雌性身体黄褐色具黑色条纹。体长 41 ~ 46 mm，腹长 34 ~ 37 mm，后翅 24 ~ 25 mm。

栖息于海拔 1500 m 以下流速缓慢的溪流。国内分布于云南、贵州、福建、海南、广东、广西、香港；国外广布于东南亚。全年可见。

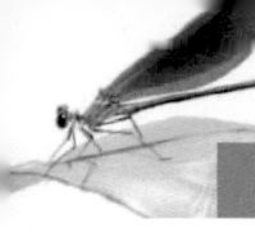

丹顶斑蟌 *Pseudagrion rubriceps* Selys, 1876

① 丹顶斑蟌 雄 吴宏道摄
② 丹顶斑蟌 雌雄连结 宋睿斌摄

雄性面部大面积橙黄色，身体大面积蓝色具黑色斑纹。雌性身体黄褐色和黄绿色具黑色条纹。体长 36 ~ 38 mm，腹长 29 ~ 31 mm，后翅 18 ~ 21 mm。

栖息于海拔 1500 m 以下的池塘、水库和流速缓慢的溪流。国内分布于云南、贵州、广西、广东、海南、香港；国外广布于南亚、东南亚。全年可见。

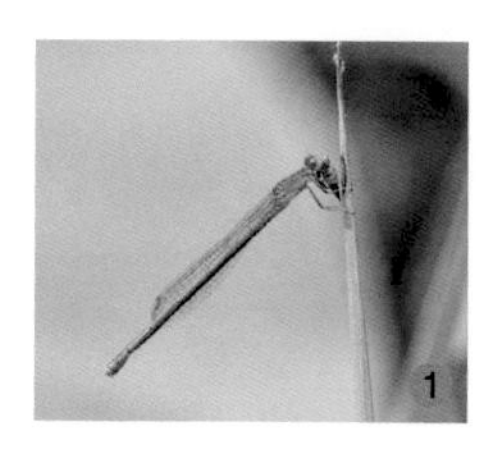

① 褐斑蟌 雌 宋睿斌摄
② 褐斑蟌 雄 宋睿斌摄

褐斑蟌 *Pseudagrion spencei* Fraser, 1922

雄性身体大面积蓝色具黑色条纹。雌性金褐色具黑色条纹。体长 30 ~ 32 mm，腹长 22 ~ 24 mm，后翅 15 ~ 16 mm。

栖息于海拔 1000 m 以下的湿地和流速缓慢的溪流。国内分布于华中、华南、西南地区；国外分布于南亚、越南。飞行期为 3—11 月。

扁蟌科 Family Platystictidae

除了非洲地区，本科在热带地区极为繁盛，全球已知 10 属 200 余种。中国已知 4 属 19 种。中国的扁蟌分布于华南和西南地区的热带和亚热带森林中，华南地区研究较多而西部地区研究较少，本书所包含的许多待定种多是近期在云南和广西地区发现，多数可能是新种。本科是小至中型豆娘，体色较暗，腹部极为细长；翅窄而短，具较长的翅柄，大多数种类翅透明。

本科栖息于茂盛森林中的林荫小溪和渗流地，它们经常停落在阴暗处的枝条和植物上。有些雄性具领域行为。雌性在植物茎干上产卵。

周氏镰扁蟌 雄 宋睿斌摄

① 修长镰扁蟌 雄
② 修长镰扁蟌 雌

修长镰扁蟌

Drepanosticta elongata Wilson & Reels, 2001

雄性面部蓝黑色具金属光泽，上唇和前唇基淡蓝色；前胸白色，合胸黑色，侧面具 2 条蓝白色条纹；腹部甚长，深褐色，第 1 ~ 7 节具白斑，第 8 ~ 10 节淡蓝色。雌性腹部较短，末端无淡蓝色斑。体长 48 ~ 62 mm，腹长 40 ~ 54 mm，后翅 25 ~ 28 mm。

栖息于海拔 1000 m 以下森林中的渗流地、狭窄小溪和沟渠。中国海南特有。飞行期为 4—8 月。

周氏镰扁蟌

Drepanosticta zhoui Wilson & Reels, 2001

① 周氏镰扁蟌 雄 宋睿斌摄
② 周氏镰扁蟌 雌

雄性面部蓝黑色具金属光泽，上唇白色；胸部黑色，侧面具 2 条蓝白色条纹，翅透明，有时端部具褐色斑；腹部黑色，第 1 ~ 7 节具白色斑，第 8 ~ 10 节淡蓝色。雌性腹部较短，具丰富白色斑。体长 35 ~ 46 mm，腹长 28 ~ 39 mm，后翅 19 ~ 24 mm。

栖息于海拔 1000 m 以下森林中的渗流地、狭窄小溪和沟渠。中国海南特有。飞行期为 4—8 月。

① 白瑞原扁蟌 雌 宋睿斌摄
② 白瑞原扁蟌 雄 宋睿斌摄

白瑞原扁蟌

Protosticta taipokauensis Asahina & Dudgeon, 1987

雄性面部黑色，上唇白色；胸部黑色，侧面具 2 条白色条纹，翅端稍染褐色；腹部黑色具白色斑纹，肛附器白色。雌性与雄性相似，腹部稍短。体长 49 ~ 58 mm，腹长 41 ~ 50 mm，后翅 26 ~ 32 mm。

栖息于海拔 1000 m 以下森林中的渗流地、狭窄小溪和沟渠。国内分布于福建、广西、广东、香港；国外分布于老挝。飞行期为 4—8 月。

深林华扁蟌 *Sinosticta sylvatica* Yu & Bu, 2009

雄性面部黑色，上唇和前唇基黄色；胸部背面黑色，具细长的肩前条纹，侧面大面积黄色；腹部黑色，第 1 ~ 6 节具黄色斑，第 9 ~ 10 节及上肛附器淡蓝色。体长 42 ~ 48 mm，腹长 34 ~ 38 mm，后翅 21 ~ 30 mm。

栖息于海拔 1000 m 以下森林中的渗流地、狭窄小溪和沟渠。中国海南特有。飞行期为 4—8 月。

① 深林华扁蟌 雌
② 深林华扁蟌 雄 宋睿斌摄

差翅亚目

ANISOPTERA

华斜痣蜻 雄

红褐多棘蜓 雌

晓褐蜻 雄

狭痣佩蜓 雄

蜓科 Family Aeshnidae

本科世界性分布，全球已知 54 属近 500 种，中国已知 14 属约 100 种，包含大量少见、珍稀的种类。本科的复眼发达并在头顶交汇呈一条直线，面部窄而长，胸部粗壮，腹部较长，绝大多数种类翅透明，少数染有色斑。雄性的肛附器、阳茎构造以及雌性的产卵器和尾毛长度是重要的辨识特征。

本科的栖息环境包括各种静水水域的池塘、湖泊和沼泽地，以及清澈的山区小溪。比较常见的绿色伟蜓属喜欢栖息于静水环境，在繁华的大都市中也可以见到，而一些稀有物种则要到茂盛的森林或者特殊的环境才有机会找到，如高海拔山区，或者隐秘的丛林湿地。溪栖的蜓科物种是山区溪流中的幽灵，仅在清晨和黄昏时飞行。

碧伟蜓 连结产卵 严少华摄

长痣绿蜓 交尾 金洪光摄

长痣绿蜓 *Aeschnophlebia longistigma* Selys, 1883

复眼绿色带蓝色眼斑，面部黄绿色，上额具黑色“T”字形斑；合胸绿色，脊黑色，肩条纹甚阔，黑色，足黑色具黄色条纹；腹部绿色，各节脊两侧具黑色斑，形成1对甚阔的黑色条纹；雄性肛附器和雌性尾毛甚长。体长67 ~ 69 mm，腹长50 ~ 51 mm，后翅41 ~ 45 mm。

栖息于海拔500 m以下挺水植物茂盛的湿地。国内分布于黑龙江、吉林、辽宁、河北、北京、山东、江苏；国外分布于日本、朝鲜半岛、西伯利亚。飞行期为5—7月。

琉璃蜓 *Aeshna crenata* Hagen, 1856

① 琉璃蜓 雄 莫善濂摄
② 琉璃蜓 雌

雄性复眼深蓝色，面部白色，上额具“T”字形斑；胸部褐色，具较宽阔的肩前条纹，侧面具2条宽阔的蓝黄色条纹，足黑色，翅透明；腹部黑色具蓝色斑纹。雌性多型，蓝色型与雄性色彩相似，黄色型身体褐色具黄色条纹，翅端半部染有褐色。体长71 ~ 86 mm，腹长53 ~ 67 mm，后翅44 ~ 60 mm。

栖息于海拔较低、水草茂盛的湿地。国内分布于新疆、内蒙古、黑龙江、吉林、辽宁；国外分布于从欧洲东北部经西伯利亚至朝鲜半岛和日本。飞行期为6—9月。

① 混合蜓 交尾 全洪光摄
② 混合蜓 雄 温雨川摄

混合蜓 *Aeshna mixta* Latreille, 1805

雄性复眼天蓝色，面部白色，上额具“T”字形斑；胸部黄褐色，具甚短的肩前条纹，侧面具 2 条宽阔的黄色条纹，足黑色，基方红褐色，翅透明；腹部黑色具发达的蓝色斑。雌性多型，蓝色型与雄性色彩相似，黄色型身体褐色具黄色条纹。体长 56 ~ 64 mm，腹长 43 ~ 54 mm，后翅 37 ~ 42 mm。

栖息于海拔较低、水草茂盛的湿地，在芦苇塘尤为常见。国内分布于新疆、内蒙古、黑龙江、吉林、辽宁、河北、北京、山东；国外分布于从欧洲至亚洲北部东至日本、非洲北部。飞行期为 7—10 月。

极北蜓 *Aeshna subarctica* Walker, 1908

雄性复眼深蓝色，面部淡黄色，上额具“T”字形斑；胸部褐色，具较宽阔的肩前条纹，侧面具2条宽阔的黄色条纹，足黑色，翅透明；腹部黑色具蓝色斑纹。雌性多型，蓝色型与雄性色彩相似，黄色型身体褐色具黄色条纹。体长70 ~ 76 mm，腹长47 ~ 57 mm，后翅39 ~ 46 mm。

栖息于低海拔水草茂盛的湿地，在芦苇塘尤为常见。国内分布于黑龙江、吉林、北京；国外分布于从欧洲至亚洲北部东至日本。飞行期为6—10月。

① 极北蜓 雌
② 极北蜓 雄

① 碧翠蜓 雄 宋睿斌摄
② 碧翠蜓 雌 宋睿斌摄

碧翠蜓 *Anaciaeschna jaspidea* (Burmeister, 1839)

雄性具有十分显著的天蓝色复眼，面部黄色具 1 条黑色的额横纹；胸部浅褐色，侧面具 2 条甚阔的黄色条纹，足黑色基方红褐色，翅透明，翅痣褐色；腹部红褐色具黄白色的小斑点。雌性多型，复眼色彩多变，已发现有土黄色、绿色和浅蓝色。体长 61 ~ 64 mm，腹长 46 ~ 48 mm，后翅 41 ~ 43 mm。

栖息于海拔 1500 m 以下杂草丛生的浅水池塘、湿地以及暂时性水塘。国内分布于广东、广西、海南、福建、云南、香港、台湾；国外广布于南亚 、东南亚和大洋洲。全年可见。

斑伟蜓 *Anax guttatus* (Burmeister, 1839)

① 斑伟蜓 雄
② 斑伟蜓 雌

复眼绿色，面部黄色，额无显著的“T”字形斑；胸部绿色，足黑色，基方红褐色，翅透明，雄性后翅亚基部具琥珀色斑；腹部黑色具黄白色斑点，雄性第 2 节主要是蓝色，雌性此节色彩变异较大，蓝色、深绿色或者黄绿色。体长 78 ~ 88 mm，腹长 58 ~ 64 mm，后翅 52 ~ 55 mm。

栖息于海拔 1500 m 以下的池塘、湿地和溪流中流速缓慢的宽阔水域。国内分布于华中、华南和西南地区，辽宁和山东也有零星记录；国外广布于南亚、东南亚和大洋洲。全年可见。

① 黑纹伟蜓 雌 宋睿斌摄
② 黑纹伟蜓 雄 宋睿斌摄

黑纹伟蜓 *Anax nigrofasciatus* Oguma, 1915

雄性复眼蓝色，面部黄色，额具显著的“T”字形斑；胸部绿色，中胸和后胸侧缝具黑色条纹，足黑色，翅透明；腹部黑色具蓝色斑点，第2节主要蓝色。雌性多型，按腹部第2节色彩可分为蓝色型、绿色型和黄色型。体长75 ~ 80 mm，腹长55 ~ 58 mm，后翅50 ~ 52 mm。

栖息于海拔3000 m以下的各类湿地和溪流中流速缓慢的宽阔水域。国内除西北地区和海南外广布全国；国外分布于尼泊尔、印度、泰国、越南、不丹、朝鲜半岛、日本。飞行期为2—12月。

碧伟蜓东亚亚种

Anax parthenope julius Brauer, 1865

雄性复眼绿色，面部浅黄色并具黑色的额横纹；胸部绿色，足黑色，腿节红褐色，翅透明，稍染黄褐色；腹部第 2 节蓝色，其余各节灰白色，沿腹部中脊具 1 条甚阔的黑色条纹。雌性多型，按腹部第 2 节色彩可分为蓝色型、黄色型和绿色型，而腹部中脊的宽阔条纹为红褐色。体长 68 ~ 76 mm，腹长 49 ~ 55 mm，后翅 50 ~ 51 mm。

栖息于海拔 2500 m 以下的湿地、水库以及溪流中流速缓慢的宽阔水域。国内除新疆外全国广布；国外分布于缅甸、越南、朝鲜半岛、日本。全年可见。

① 碧伟蜓东亚亚种 交尾 王铁军摄

② 碧伟蜓东亚亚种 雄 陈炜摄

① 长者头蜓 雄
② 长者头蜓 雌

长者头蜓 *Cephalaeschna patrorum* Needham, 1930

雄性复眼深蓝色，面部大面积黄绿色，前额具褐色斑，上额具“T”字形斑；胸部黑色，具黄绿色肩前条纹，合胸侧面具2条甚阔的黄绿色条纹，足深褐色，翅透明；腹部黑色，第1 ~ 8节具黄色斑纹。雌性较粗壮，色彩与雄性相似，第10节腹板延长。体长69 ~ 71 mm，腹长51 ~ 54 mm，后翅45 ~ 51 mm。

栖息于海拔500 ~ 1500 m的开阔溪流。中国特有，分布于北京、河南、陕西、山西、四川。飞行期为6—10月。

日本长尾蜓 *Gynacantha japonica* Bartenev, 1910

① 日本长尾蜓 雄 宋睿斌摄
② 日本长尾蜓 雌 宋睿斌摄

雄性复眼深蓝色，面部黄褐色，额具“T”字形斑；胸部绿色，足基方至腿节中部红褐色，其余各节黑褐色，翅透明；腹部黑褐色，第 2 节具蓝绿相间的条纹和斑点，第 3 ~ 8 节具黄绿色条纹，上肛附器甚长。雌性多型，绿色型复眼绿色，腹部第 2 ~ 3 节无蓝色斑点；蓝色型复眼蓝绿色，腹部第 2 ~ 3 节具蓝色斑点。体长 68 ~ 76 mm，腹长 55 ~ 59 mm，后翅 46 ~ 48 mm。

栖息于海拔 1500 m 以下的浅水池塘、季节性水塘、水稻田和狭窄的林荫小溪。国内分布于湖北、湖南、安徽、浙江、福建、江西、贵州、广东、广西、香港、台湾；国外分布于朝鲜半岛、日本。飞行期为 5—11 月。

① 细腰长尾蜓 雌 宋睿斌摄
② 细腰长尾蜓 雄 吴宏道摄

细腰长尾蜓 *Gynacantha subinterrupta* Rambur, 1842

雄性复眼蓝绿色，面部黄褐色，额具“T”字形斑；胸部绿色，足红褐色，翅透明；腹部褐色，第 2 节具蓝绿相间的条纹和斑点，第 3 ~ 10 节具黄绿色条纹和斑点。雌性色彩变异较大，复眼蓝绿色或褐色，胸部褐色或绿色，足浅褐色。未熟体为浅褐色。体长 61 ~ 70 mm，腹长 48 ~ 54 mm，后翅 43 ~ 48 mm。

栖息于海拔 1500 m 以下的浅水池塘、季节性水塘和狭窄的林荫小溪。国内分布于云南、贵州、湖南、福建、广东、广西、海南、香港；国外分布于印度、尼泊尔、印度尼西亚、柬埔寨、老挝、越南、泰国、马来半岛、新加坡。全年可见。

福临佩蜓 *Periaeschna flinti* Asahina, 1978

雄性复眼绿色，面部黄褐色，前额具1个甚大的黑色斑；胸部黑褐色，肩前条纹较宽阔，合胸侧面具2条苹果绿色条纹，足黑色，翅透明；腹部黑褐色具发达的斑点，第3～9节末端具半圆形的背斑。雌性色彩较淡，条纹为黄色。体长63～65 mm，腹长48～50 mm，后翅39～44 mm。

栖息于海拔1500 m以下植被茂盛的山区小溪和沟渠。国内分布于湖北、湖南、四川、云南、贵州、安徽、浙江、福建、广东、广西；国外分布于印度。飞行期为5—9月。

① 福临佩蜓 雌
② 福临佩蜓 雄 王尚鸿摄

① 狭痣佩蜓 雄
② 狭痣佩蜓 雌 宋睿斌摄

狭痣佩蜓 *Periaeschna magdalena* Martin, 1909

雄性复眼黄绿色，面部黄褐色，额具不清晰的“T”字形斑；胸部黑褐色，肩前条纹甚阔，合胸侧面具2条黄色宽条纹，翅稍染褐色；腹部黑褐色，具不发达的黄色斑点，有时第9 ~ 10节具甚大的黄色斑。雌性与雄性相似但体型粗壮。体长65 ~ 74 mm，腹长50 ~ 57 mm，后翅43 ~ 50 mm。

栖息于海拔500 ~ 1500 m植被茂盛的山区小溪。国内分布于陕西、湖北、湖南、四川、云南、贵州、重庆、江苏、安徽、浙江、福建、江西、广东、广西、台湾；国外分布于不丹、印度、老挝、越南。飞行期为4—8月。

山西黑额蜓 *Planaeschna shanxiensis* Zhu & Zhang, 2001

① 山西黑额蜓 雄
② 山西黑额蜓 雌

雄性复眼蓝色，面部黄绿色，前额具黑色斑，上额具“T”字形斑；胸部黑色，具肩前条纹和肩前下点，合胸侧面具2条宽阔的黄绿色条纹，后胸前侧板具2个大小不等的黄色斑点，足黑褐色，翅透明；腹部黑色具发达的黄绿色斑点。雌性翅稍染烟色，基部染有橙黄色；尾毛甚短，约同第10节等长。体长68 ~ 70 mm，腹长52 ~ 54 mm，后翅46 ~ 50 mm。

栖息于海拔1500 m以下的山区小溪。中国特有，分布于北京、山西、河南、湖北。飞行期为7—11月。

① 遂昌黑额蜓 雌 宋睿斌摄
② 遂昌黑额蜓 雄 宋睿斌摄

遂昌黑额蜓

Planaeschna suichangensis Zhou & Wei, 1980

雄性复眼绿色，面部黄色，前额具甚大的黑色斑；胸部黑色，肩前条纹甚阔，合胸侧面具2条宽阔的黄色条纹，后胸前侧板具1个甚小的黄色斑，足大部分黑色，翅透明；腹部黑色具黄色斑点。雌性与雄性相似。体长65 ~ 70 mm，腹长50 ~ 54 mm，后翅45 ~ 50 mm。

栖息于海拔500 ~ 1000 m的山区小溪。中国特有，分布于浙江、福建、广东和广西。飞行期为6—11月。

红褐多棘蜓

Polycanthagyna erythromelas (McLachlan, 1896)

① 红褐多棘蜓 雌

② 红褐多棘蜓 雄 宋睿斌摄

雄性复眼绿色，面部黄白色，额具黑色斑；胸部肩前条纹甚阔，合胸侧面具 2 条宽阔的苹果绿色条纹，翅透明；腹部黑色具较发达的苹果绿色斑点，第 2 节侧方具 1 个小蓝斑。雌性复眼蓝绿色，面部黄色，年轻的雌性腹部第 3 ~ 7 节红褐色，随年纪的增长色彩逐渐加深至黑褐色。体长 80 ~ 86 mm，腹长 61 ~ 66 mm，后翅 50 ~ 53 mm。

栖息于海拔 1500 m 以下森林中水草匮乏的小至中型静水水潭。国内广布于西北、华中、华南和西南地区；国外分布于不丹、印度、尼泊尔、巴基斯坦、缅甸、老挝、泰国、越南。飞行期为 3—12 月。

① 黄绿多棘蜓 雄
② 黄绿多棘蜓 雌

黄绿多棘蜓 *Polycanthagyna melanictera* (Selys, 1883)

雄性复眼深蓝色，面部淡蓝色，额具褐色斑；胸部黑褐色，肩前条纹甚阔，合胸侧面具 2 条宽阔的黄色条纹，足黑色，翅透明；腹部褐色具黄绿色条纹，第 2 节侧面具 1 个甚大的蓝色斑，第 10 节具 1 个角锥形突起和 1 个甚大的黄色背斑。雌性复眼黄绿色，随着年纪增长逐渐变为蓝色；身体黑褐色具发达的黄色斑点和条纹，其中腹部第 7 节的黄色斑点发达。体长 73 ~ 81 mm，腹长 54 ~ 62 mm，后翅 50 ~ 53 mm。

栖息于海拔 1500 m 以下森林中水草匮乏的小至中型静水水潭。国内分布于山东、河南、湖北、湖南、陕西、山西、四川、贵州、浙江、广东、台湾；国外分布于朝鲜半岛、日本。飞行期为 5—9 月。

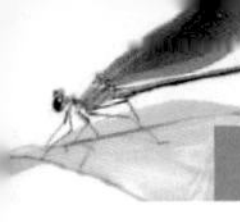

蓝黑多棘蜓

Polycanthagyna ornithocephala (McLachlan, 1896)

① 蓝黑多棘蜓 雄 宋睿斌摄
② 蓝黑多棘蜓 雌

雄性复眼蓝褐色，面部白色，额具黑色斑；胸部黑褐色，肩前条纹甚阔，合胸侧面具 2 条宽阔的黄色条纹，足黑色，翅透明；腹部黑褐色并具黄色条纹。雌性胸部褐色具黄色条纹，翅稍染烟褐色；腹部具黄色条纹，第 2 ~ 6 节背面红褐色。体长 73 ~ 78 mm，腹长 55 ~ 58 mm，后翅 47 ~ 55 mm。

栖息于海拔 2000 m 以下森林中水草匮乏的小型静水水潭（包括人工水塘）及林道上的暂时性积水潭。国内分布于四川、重庆、贵州、湖北、湖南、福建、广东、广西、台湾；国外分布于孟加拉国、泰国、印度。飞行期为 6—10 月。

沃氏短痣蜓

Tetracanthagyna waterhousei McLachlan, 1898

雄性复眼蓝褐色，面部黄褐色，额具黑色斑；胸部褐色，肩前条纹较短，合胸侧面具 2 条宽阔的黄色条纹，足基部至腿节顶端红褐色，其余各节黑色，翅甚阔，透明，基方具黑色斑；腹部黑褐色具细小的黄色斑，第 8 ~ 10 节背面末端具较短的锥形突起，肛附器长。雌性体色稍浅，复眼褐色，腹部粗壮。体长 75 ~ 87 mm，腹长 57 ~ 67 mm，后翅 57 ~ 62 mm。

栖息于海拔 1000 m 以下的山区林荫小溪和宽阔河流河岸带植被茂盛的河段。国内分布于云南、福建、广东、广西、海南、香港；国外分布于孟加拉国、印度、马来西亚、印度尼西亚、缅甸、泰国、老挝、柬埔寨、越南。飞行期为 3—7 月。

① 沃氏短痣蜓 雌
② 沃氏短痣蜓 雄

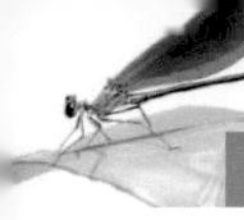

春蜓科 Family Gomphidae

本科世界性分布，全球已知约 100 属近 1000 种，是蜻蜓目种类最繁盛的一个科。中国已经发现 37 属 200 余种。本科最显著的特征是复眼较小，通常绿色，在头顶分离较远。身体通常黑色或褐色具黄色或绿色条纹和斑点。雄性的肛附器、阳茎和钩片的构造以及雌性头部、下生殖板的形态是重要的辨识特征。

本科栖息环境包括池塘、湖泊和沼泽地等静水环境，以及溪流、河流等流水环境。雄性具有显著的领域行为，停落在水面附近占据领地。雌性较难遇见，仅在产卵时才会靠近水面。

大团扇春蜓 护卫产卵 徐寒摄

① 安氏异春蜓 雄 宋睿斌摄
② 安氏异春蜓 雌

安氏异春蜓 *Anisogomphus anderi* Lieftinck, 1948

雄性上唇具1对白色斑点；胸部黑色，背条纹与领条纹和肩前上点相连，形成“Z”字形条纹，具细而短的肩前下条纹，合胸侧面具3条黄色条纹；腹部黑色具黄色斑纹，第7节基方具甚大的黄色斑，上肛附器上半部白色，下端黑色，下肛附器黑色。雌性与雄性相似，尾毛白色。体长52 ~ 55 mm，腹长38 ~ 40 mm，后翅33 ~ 38 mm。

栖息于海拔1500 m以下森林中的开阔溪流。中国特有，分布于云南、贵州、四川、湖南、福建、广西、广东。飞行期为6—9月。

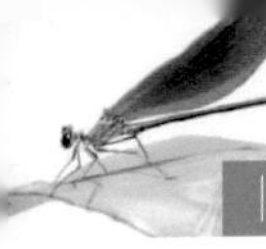

国姓异春蜓 *Anisogomphus koxingai* Chao, 1954

① 国姓异春蜓 雄
② 国姓异春蜓 雌 宋睿斌摄

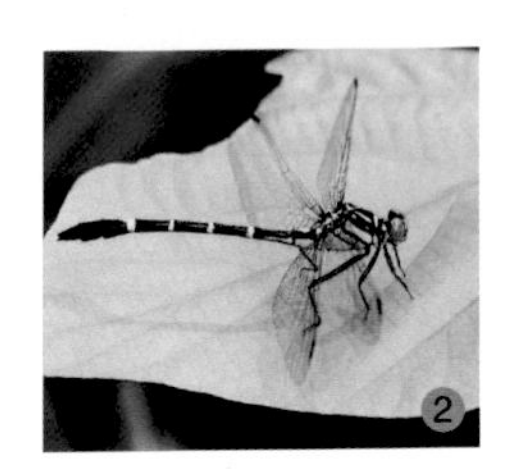

雄性上唇黑色具 1 对黄斑；胸部黑色，背条纹与领条纹不相连，肩前上点三角形，肩前下条纹细而短，合胸侧面具 3 条黄色条纹；腹部黑色具黄色斑纹，第 7 节基方具 1 个甚大的黄色斑，上肛附器白色，下肛附器黑色。雌性与雄性相似，后头缘两侧各具 1 个甚小的刺突；腹部的黄色条纹更发达，尾毛白色。体长 46 ~ 57 mm，腹长 36 ~ 43 mm，后翅 28 ~ 33 mm。

栖息于 1000 m 以下的开阔溪流和河流。国内分布于云南、贵州、福建、广西、广东、海南、香港、台湾；国外分布于越南。飞行期为 3—8 月。

① 马奇异春蜓 雌
② 马奇异春蜓 雄 温雨川摄

马奇异春蜓 *Anisogomphus maacki* (Selys, 1872)

雄性上唇主要黄色；胸部黑色，背条纹与领条纹相连，形成“7”字形条纹，肩前条纹细而长，合胸侧面第 2 条纹中央间断，第 3 条纹完整；腹部黑色具黄色斑纹，肛附器黑色。雌性与雄性相似，腹部的黄色条纹更发达。体长 49 ~ 54 mm，腹长 36 ~ 39 mm，后翅 30 ~ 34 mm。

栖息于海拔1500 m以下的开阔溪流和河流。国内分布于东北至华中和西南地区；国外分布于朝鲜半岛、日本、西伯利亚、越南。飞行期为 6—9 月。

海南亚春蜓 *Asiagomphus hainanensis* (Chao, 1953)

雄性上唇黑色，有时具1对黄色斑；胸部黑色，背条纹与领条纹相连，肩前条纹甚细，有时仅有肩前上点，合胸侧面第2条纹和第3条纹完整；腹部黑色，第1～8节背面和侧面具黄色斑，第9节背面后方具1个大黄斑。雌性与雄性相似但更粗壮。体长61～71 mm，腹长45～53 mm，后翅39～46 mm。

栖息于海拔1000 m以下的开阔溪流。国内分布于湖南、江西、浙江、福建、海南、广东、香港、台湾；国外分布于越南。飞行期为3—7月。

① 海南亚春蜓 雄性后钩片
② 海南亚春蜓 雌
③ 海南亚春蜓 雄 宋睿斌摄

① 和平亚春蜓 雄
② 和平亚春蜓 雄性后钩片
③ 和平亚春蜓 雌

和平亚春蜓 *Asiagomphus pacificus* (Chao, 1953)

雄性与海南亚春蜓相似，可通过后钩片形状区分。雌性侧单眼后方具1对角状突起，与海南亚春蜓不同。体长63 ~ 65 mm，腹长47 ~ 49 mm，后翅40 ~ 42 mm。

栖息于海拔1500 m以下的开阔溪流。中国特有，分布于贵州、浙江、福建、广西、广东、台湾。飞行期为4—8月。

领纹缅春蜓 *Burmagomphus collaris* (Needham, 1930)

① 领纹缅春蜓 雄 姜科摄
② 领纹缅春蜓 交尾 姜科摄

雄性上唇具 1 对大黄色斑，后唇基下缘中央和侧面具黄色斑，额横纹甚阔，后头黄色；胸部黑色，背条纹与领条纹不相连，肩前条纹甚阔，合胸侧面第 2 条纹仅有上方和下方的小段，第 3 条纹完整，甚细；腹部黑色，各节具黄色斑，第 9 节具 1 个甚大的三角形黄色斑。雌性与雄性相似，但后头前缘两侧各具 1 对刺突。体长 42 ~ 46 mm，腹长 32 ~ 35 mm，后翅 22 ~ 29 mm。

栖息于海拔 500 m 以下的开阔小溪和河流。国内分布于河北、江苏、浙江、北京；国外分布于韩国。飞行期为 6—9 月。

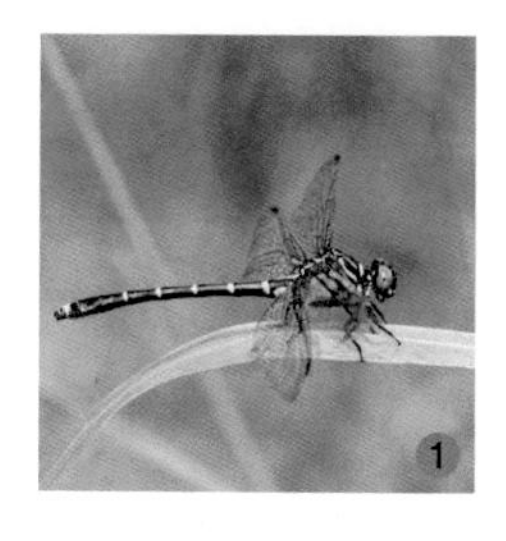

① 溪居缅春蜓 雌
② 溪居缅春蜓 雄

溪居缅春蜓 *Burmagomphus intinctus* (Needham, 1930)

雄性上唇具 1 对黄斑，后唇基下缘中央具黄色斑，额横纹黄色，甚阔；胸部黑色，背条纹与领条纹不相连，肩前条纹长而阔，合胸侧面第 2 条纹和第 3 条纹完整；腹部黑色，第 1 ~ 7 节侧面和背面具黄色斑，第 9 节黄色斑甚大。雌性与雄性相似。体长 49 ~ 50 mm，腹长 35 ~ 36 mm，后翅 30 ~ 32 mm。

栖息于海拔 1000 m 以下的河流和开阔溪流。中国特有，分布于浙江、福建。飞行期为 5—8 月。

联纹缅春蜓 *Burmagomphus vermicularis* (Martin, 1904)

雄性上唇具1对黄色斑，后唇基下缘中央和侧面具黄色斑，额横纹甚阔；胸部黑色，背条纹与领条纹不相连，较倾斜，与肩前下条纹相连，肩前上点甚小，合胸侧面第2条纹仅有下方的2/3，第3条纹“Y”字形；腹部黑色，第1～9节具黄色斑。雌性与雄性相似。体长37～45 mm，腹长28～34 mm，后翅22～28 mm。

栖息于海拔1000 m以下的开阔溪流和河流。国内分布于云南、福建、广西、广东、海南、香港、台湾；国外分布于老挝、越南。飞行期为5—10月。

① 联纹缅春蜓 雌 宋睿斌摄

② 联纹缅春蜓 雄 宋睿斌摄

弗鲁戴春蜓 雄

弗鲁戴春蜓 *Davidius fruhstorferi* Martin, 1904

雄性面部大面积黑色，额横纹黄色，甚阔；胸部黑色，背条纹与领条纹相连，无肩前上点，合胸侧面第 2 条纹中央间断较长，第 3 条纹完整；腹部黑色，第 1 ~ 5 节具较小的黄色斑，肛附器白色。雌性与雄性相似，腹部侧面具更多黄色斑。体长 37 ~ 41 mm，腹长 28 ~ 31 mm，后翅 20 ~ 24 mm。

栖息于海拔 2000 m 以下森林中的溪流。国内分布于贵州、广西、广东、福建；国外分布于泰国、老挝、越南。飞行期为 4—8 月。

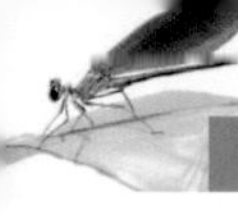

深山闽春蜓

Fukienogomphus prometheus (Lieftinck, 1939)

① 深山闽春蜓 雄 宋睿斌摄
② 深山闽春蜓 雌 宋睿斌摄

雄性面部主要黑色，上颚外方黄色，额横纹黄色，甚阔；胸部黑色，背条纹与领条纹不相连，肩前上点甚小，合胸侧面第 2 条纹中央间断或完整，第 3 条纹完整；腹部黑色，第 1 ~ 7 节具黄色斑，上肛附器白色，下肛附器黑色。雌性与雄性相似，尾毛白色。体长 56 ~ 68 mm，腹长 44 ~ 51 mm，后翅 37 ~ 44 mm。

栖息于海拔 1000 m 以下森林中的积水潭、沟渠和小型湿地。中国特有，分布于浙江、福建、广东、海南、台湾。飞行期为 4—7 月。

① 长腹春蜓 雌 徐寒摄
② 长腹春蜓 雄 刘辉摄

长腹春蜓

Gastrogomphus abdominalis (McLachlan, 1884)

雄性复眼绿色，面部黄色；胸部黄色，合胸背面具黑色条纹，足黄色具黑色条纹；腹部黄色，侧面具黑色条纹，肛附器不发达，黑色。雌性与雄性相似，尾毛黑色。体长 62 ~ 66 mm，腹长 47 ~ 51 mm，后翅 35 ~ 42 mm。

栖息于海拔 500 m 以下的池塘和流速缓慢的溪流。中国特有，分布于吉林、北京、河北、河南、江苏、安徽、湖北、湖南、浙江、福建。飞行期为 4—7 月。

联纹小叶春蜓 *Gomphidia confluens* Selys, 1878

雄性面部主要黄色，后头黑色，后头缘稍微隆起；胸部黑褐色，背条纹与领条纹相连，具甚细小的肩前条纹和肩前上点，合胸侧面大面积黄色，后胸侧缝线黑色；腹部黑色，各节具大小和形状不同的黄色斑。雌性与雄性相似但更粗壮。体长 73 ~ 75 mm，腹长 53 ~ 54 mm，后翅 46 ~ 48 mm。

栖息于海拔 1000 m 以下的池塘、河流、开阔溪流和沟渠。国内分布于黑龙江、吉林、辽宁、北京、河北、安徽、江苏、浙江、福建、广东；国外分布于朝鲜半岛、西伯利亚、越南。飞行期为 4—8 月。

联纹小叶春蜓 雄 温雨川摄

① 福建小叶春蜓 雄
② 福建小叶春蜓 雄性后钩片

福建小叶春蜓 *Gomphidia fukienensis* Chao, 1955

本种与并纹小叶春蜓相似，但后唇基侧下缘具黄色斑；雄性肛附器、后钩片以及雌性下生殖板的构造不同。体长 78 ~ 82 mm，腹长 57 ~ 61 mm，后翅 48 ~ 50 mm。

栖息于海拔 1000 m 以下的河流、溪流和沟渠。中国特有，分布于贵州、浙江、福建、台湾。飞行期为 4—8 月。

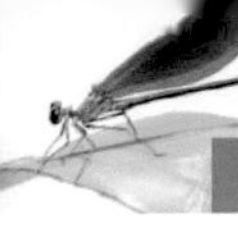

并纹小叶春蜓 *Gomphidia kruegeri* Martin, 1904

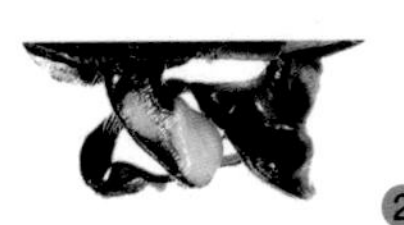

① 并纹小叶春蜓 雄
② 并纹小叶春蜓 雄性后钩片
③ 并纹小叶春蜓 雌 宋睿斌摄

雄性面部黑色具黄色斑，上唇中央具1个甚大的黄色斑，前唇基黄色，额横纹甚阔，后头黑色，后头缘稍微隆起；胸部黑色，背条纹与领条纹不相连，具甚细小的肩前上点，合胸侧面第2条纹和第3条纹完整，甚阔，下方相连；腹部黑色，除第9节外各节具黄色斑，下肛附器几乎退化。雌性与雄性相似但更粗壮，后头后方中央具1个瘤状隆起。体长78 ~ 84 mm，腹长60 ~ 62 mm，后翅45 ~ 53 mm。

栖息于海拔1000 m以下的河流、溪流和沟渠。国内分布于贵州、云南、福建、广西、广东、海南；国外分布于泰国、老挝、越南。飞行期为3—9月。

① 霸王叶春蜓 雌 许明岗摄
② 霸王叶春蜓 雄 温雨川摄

霸王叶春蜓 *Ictinogomphus pertinax* (Hagen, 1854)

雄性面部黑色具黄色斑，上唇具 1 对黄色斑，额横纹甚阔，后头黄色；胸部黑色，背条纹与领条纹不相连，具肩前上点和肩前下条纹，合胸侧面第 2 条纹和第 3 条纹完整，在下方合并；腹部黑色，第 2 ~ 8 节具黄色斑。雌性与雄性相似。体长 68 ~ 72 mm，腹长 49 ~ 54 mm，后翅 40 ~ 45 mm。

栖息于海拔 1500 m 以下的池塘、河流和溪流。国内南方广布；国外分布于印度、缅甸、老挝、越南、日本。飞行期为 3—12 月。

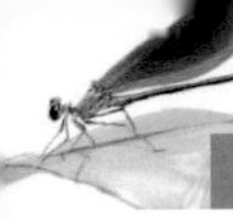

凶猛春蜓 *Labrogomphus torvus* Needham, 1931

① 凶猛春蜓 雌
② 凶猛春蜓 雄 宋黎明摄

雄性面部黑色具黄色斑，上唇具1对黄色斑，额横纹甚阔，后头缘中央突起较高；胸部黑色，背条纹与领条纹不相连，肩前条纹细长，合胸侧面第2条纹和第3条纹完整；腹部黑色，第1 ~ 8节具黄色斑，其中第7节黄色斑甚大，第8节侧下方具较短的片状突起，第9节甚长。雌性与雄性相似。体长77 ~ 83 mm，腹长56 ~ 62 mm，后翅46 ~ 50 mm。

栖息于海拔1000 m以下的开阔溪流和河流。国内分布于安徽、贵州、福建、广东、广西、海南、香港；国外分布于老挝、越南。飞行期为4—10月。

① 驼峰环尾春蜓 雄 宋睿斌摄
② 驼峰环尾春蜓 雌 宋睿斌摄

驼峰环尾春蜓 *Lamelligomphus camelus* (Martin, 1904)

雄性面部黑色具黄色斑，上唇具1对黄色斑，额横纹中央间断；胸部黑色，背条纹与领条纹不相连，具甚小的肩前上点，合胸侧面第2条纹和第3条纹有时完整，有时完全合并；腹部黑色，第1 ~ 7节具黄色斑，第8节背面中央具驼峰状突起，肛附器黑色。雌性与雄性相似。体长67 ~ 70 mm，腹长51 ~ 52 mm，后翅39 ~ 42 mm。

栖息于海拔1000 m以下的山区开阔溪流。国内分布于云南、贵州、浙江、福建、广东、广西、海南；国外分布于老挝、越南。飞行期为4—9月。

台湾环尾春蜓

Lamelligomphus formosanus (Matsumura, 1926)

① 台湾环尾春蜓 雄 宋睿斌摄
② 台湾环尾春蜓 雌 宋睿斌摄

雄性面部黑色具黄色斑，上唇具1对黄色斑，额横纹中央间断；胸部黑色，背条纹与领条纹不相连，具较细的肩前条纹，合胸侧面第2条纹和第3条纹完整，下方大面积合并，翅透明；腹部黑色，第1 ~ 7节具黄色斑，肛附器黑色。雌性与雄性相似。体长64 ~ 69 mm，腹长47 ~ 52 mm，后翅38 ~ 39 mm。

栖息于海拔1000 m以下的山区开阔溪流。国内分布于贵州、福建、广东、广西、台湾；国外分布于越南。飞行期为4—9月。

① 海南环尾春蜓 雌 宋睿斌摄
② 海南环尾春蜓 雄

海南环尾春蜓

Lamelligomphus hainanensis (Chao, 1954)

雄性面部黑色具黄色斑，上唇具1对黄色斑，额横纹中央间断；胸部黑色，背条纹与领条纹不相连，无肩前条纹，合胸侧面第2条纹和第3条纹合并；腹部黑色，第1～7节具黄色斑，肛附器黑色。雌性与雄性相似。体长60～64 mm，腹长46～48 mm，后翅35～36 mm。

栖息于海拔1000 m以下的溪流和河流。中国特有，分布于广东、海南、香港。飞行期为4—8月。

环纹环尾春蜓 *Lamelligomphus ringens* (Needham, 1930)

雄性面部黑色具黄色斑，上唇具 1 对黄色斑，额横纹甚阔；胸部黑色，背条纹与领条纹不相连，无肩前条纹，合胸侧面第 2 条纹和第 3 条纹合并；腹部黑色，各节具黄色斑，上肛附器末端具黄色。雌性与雄性相似。体长 61 ~ 63 mm，腹长 45 ~ 47 mm，后翅 37 ~ 39 mm。

栖息于海拔 1000 m 以下的山区溪流。国内分布于黑龙江、吉林、辽宁、北京、河北、山西、安徽、湖北、重庆、四川；国外分布于朝鲜半岛。飞行期为 6—9 月。

环纹环尾春蜓 雄 吕非摄

① 居间纤春蜓 雄 宋睿斌摄
② 居间纤春蜓 雌 宋睿斌摄

居间纤春蜓 *Leptogomphus intermedius* Chao, 1982

雄性上唇具 1 对黄色斑，额横纹较宽阔，中央间断；胸部背条纹与领条纹不相连，具甚细的肩前条纹，合胸侧面第 2 条纹和第 3 条纹完整；腹部黑色，第 1 ~ 7 节具黄色斑。雌性与雄性相似，后头中央具 1 对较长的角状突起。体长 65 ~ 68 mm，腹长 49 ~ 51 mm，后翅 40 ~ 43 mm。

栖息于海拔 1000 m 以下茂密森林中的狭窄小溪和渗流地。中国特有，分布于福建、广东。飞行期为 5—8 月。

圆腔纤春蜓 *Leptogomphus perforatus* Ris, 1912

① 圆腔纤春蜓 雄 宋睿斌摄
② 圆腔纤春蜓 雌 宋睿斌摄

雄性上唇具 1 对黄色斑，额横纹较宽阔，中央间断；胸部背条纹与领条纹不相连，具细长的肩前条纹，合胸侧面第 2 条纹和第 3 条纹完整；腹部黑色，第 1 ~ 7 节具黄色斑。雌性与雄性相似，后头后缘两侧具小瘤状突起。体长 60 ~ 62 mm，腹长 46 ~ 47 mm，后翅 37 ~ 42 mm。

栖息于海拔 1000 m 以下森林中的小溪。国内分布于云南（红河州）、广西、广东；国外分布于越南。飞行期为 4—8 月。

① 萨默硕春蜓 雌 宋睿斌摄
② 萨默硕春蜓 雄 宋睿斌摄

萨默硕春蜓 *Megalogomphus sommeri* (Selys, 1854)

雄性上唇具1对黄色斑，额横纹较宽阔，中央间断；胸部黑色，背条纹与领条纹不相连，具甚小的肩前上点，合胸侧面第2条纹和第3条纹完整，在下方大面积合并；腹部黑色，第1 ~ 9节具黄色斑，其中第7节黄色斑甚大。雌性与雄性相似但腹部较短。体长78 ~ 80 mm，腹长57 ~ 60 mm，后翅50 ~ 55 mm。

栖息于海拔1000 m以下的溪流和河流。国内分布于广西、广东、海南、福建、香港；国外分布于老挝、越南。飞行期为4—10月。

帕维长足春蜓 *Merogomphus pavici* Martin, 1904

雄性上唇黄色，额横纹甚阔；胸部背条纹与领条纹不相连，肩前条纹较长，合胸侧面第 2 条纹和第 3 条纹完整；腹部黑色，第 1 ~ 7 节具黄色斑，其中第 7 节黄色斑甚大，上肛附器白色，下肛附器黑色。雌性与雄性相似，侧单眼后方具角状突起。体长 67 ~ 72 mm，腹长 51 ~ 55 mm，后翅 40 ~ 47 mm。

栖息于海拔 1000 m 以下的开阔溪流、河流和沟渠。国内分布于贵州、浙江、福建、海南、广西、广东、台湾；国外分布于泰国、老挝、越南。飞行期为 6—8 月。

① 帕维长足春蜓 雌 莫善濂摄
② 帕维长足春蜓 雄 宋睿斌摄

① 江浙长足春蜓 雄
② 江浙长足春蜓 雌 吕非摄

江浙长足春蜓 *Merogomphus vandykei* Needham, 1930

雄性面部黄色，头顶黑色，后头黄色；胸部背条纹与领条纹不相连，肩前条纹较长，合胸侧面第 2 条纹缺失，第 3 条纹甚细；腹部黑色，第 1 ~ 7 节具黄色斑，其中第 7 节黄色斑甚大，上肛附器白色，下肛附器黑色。雄性体长 69 mm，腹长 53 mm，后翅 43 mm。

栖息于海拔 1000 m 以下的开阔溪流。中国特有，分布于河南、浙江、江苏。飞行期为6—8月。

黄侧日春蜓 *Nihonogomphus luteolatus* Chao & Liu, 1990

雄性面部大部分黄色，上唇黑色，中央具1个甚大的黄色斑，头顶黑色，后头黄色；胸部大面积黄绿色，背条纹与领条纹相连，合胸侧面第2条纹缺失，第3条纹甚细；腹部黑色具黄色斑。雌性与雄性相似，腹部黄色斑较少。雄性体长58 mm，腹长43 mm，后翅34 mm。

栖息于海拔500 m以下的开阔溪流。中国特有，分布于广东、福建。飞行期为4—6月。

黄侧日春蜓 雄 宋睿斌摄

长钩日春蜓 *Nihonogomphus semanticus* Chao, 1954

雄性面部大部分黑色，额和后头黄绿色；胸部大面积黄绿色，背条纹与领条纹相连，无肩前条纹，合胸侧面第 2 条纹上方大面积缺失，第 3 条纹完整；腹部黑色具黄色斑。雌性与雄性相似。体长 59 ~ 60 mm，腹长 43 ~ 45 mm，后翅 35 ~ 37 mm。

栖息于海拔 1000 m 以下森林中的开阔溪流。中国特有，分布于福建、广东。飞行期为 4—7 月。

长钩日春蜓 雄 吴宏道摄

汤氏日春蜓

Nihonogomphus thomassoni (Kirby, 1900)

① 汤氏日春蜓 雄
② 汤氏日春蜓 雌 宋睿斌摄

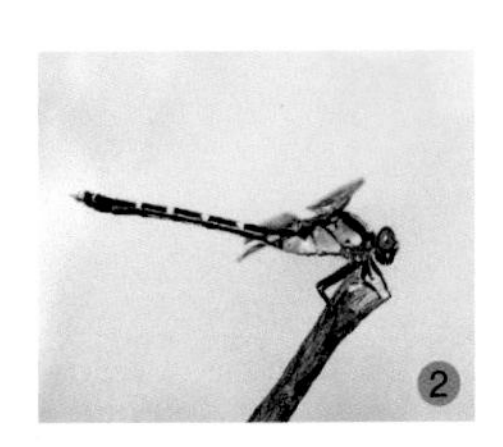

雄性面部大部分黑色，额和后头黄绿色；胸部大面积黄绿色，背条纹与领条纹相连，合胸侧面第 2 条纹中央间断，第 3 条纹完整，有时第 2 条纹和第 3 条纹合并形成“Y”字形；腹部黑色具黄色斑。雌性与雄性相似。体长 60 ~ 63 mm，腹长 44 ~ 47 mm，后翅 34 ~ 37 mm。

栖息于海拔 1000 m 以下的开阔溪流和河流。国内分布于云南、贵州、广西、广东、海南、福建；国外分布于越南。飞行期为 3—6 月。

暗色蛇纹春蜓 *Ophiogomphus obscurus* Bartenev, 1909

雄性面部大面积黄绿色，头顶黑色；胸部绿色，背条纹甚阔，肩前条纹甚细，合胸侧面第 2 条纹大面积缺失，第 3 条纹完整，甚细；腹部黑色具丰富的黄绿色斑纹，上肛附器外方黄色，下肛附器黑色。雌性体色稍淡，后头缘具 1 对角状突起。体长 56 ~ 60 mm，腹长 41 ~ 42 mm，后翅 33 ~ 37 mm。

栖息于海拔 500 m 以下的山区溪流和宽阔的河流。国内分布于黑龙江、吉林、辽宁、河北；国外分布于朝鲜半岛、西伯利亚。飞行期为 6—9 月。

暗色蛇纹春蜓 雄

中华长钩春蜓 *Ophiogomphus sinicus* (Chao, 1954)

雄性上唇具 1 对黄色斑，额横纹中央间断；胸部黑色，背条纹与领条纹不相连，合胸侧面第 2 条纹和第 3 条纹合并；腹部黑色，第 1 ~ 7 节具黄色斑，肛附器主要黑色，上肛附器后缘黄色。雌性与雄性近似，后头缘中央具 1 对角状突起，尾毛白色。体长 59 ~ 62 mm，腹长 38 ~ 46 mm，后翅 31 ~ 38 mm。

栖息于海拔 1000 m 以下的山区开阔溪流。中国特有，分布于江西、福建、广东、广西、香港。飞行期为 5—9 月。

① 中华长钩春蜓 雌 宋睿斌摄
② 中华长钩春蜓 雄 宋睿斌摄

① 钩尾副春蜓 雄 宋睿斌摄
② 钩尾副春蜓 雌 吴宏道摄

钩尾副春蜓 *Paragomphus capricornis* (Förster, 1914)

雄性上唇具 1 对黄色斑，额横纹中央间断，后头黄色；胸部黑色，背条纹与领条纹不相连，具甚小的肩前上点，合胸侧面第 2 条纹和第 3 条纹合并；腹部黑色，第 1 ~ 7 节具黄色斑，第 8 节侧下缘的片状突起较小，第 9 节的突起较大。雌性与雄性相似，腹部第 8 ~ 9 节无片状突起。体长 45 ~ 49 mm，腹长 34 ~ 37 mm，后翅 25 ~ 28 mm。

栖息于海拔 1000 m 以下的溪流和河流。国内分布于云南、广西、广东、香港、福建；国外分布于缅甸、泰国、老挝、越南、新加坡、马来西亚。飞行期为 3—11 月。

豹纹副春蜓 *Paragomphus pardalinus* Needham, 1942

① 豹纹副春蜓 雄
② 豹纹副春蜓 雌

雄性面部黑色具黄色斑，上唇大面积黄白色，额横纹甚阔；胸部黑色，背条纹与领条纹不相连，具甚小的肩前上点，合胸侧面第 2 条纹和第 3 条纹合并；腹部黑色，第 1 ~ 7 节具黄色斑，第 8 ~ 9 节侧缘的片状突起较大。雌性与雄性相似，第 8 ~ 9 节侧缘具片状突起较小。体长 53 ~ 54 mm，腹长 39 ~ 40 mm，后翅 30 ~ 32 mm。

栖息于海拔 1000 m 以下的溪流和河流。中国海南特有。飞行期为 3—11 月。

艾氏施春蜓 *Sieboldius albardae* Selys, 1886

雄性面部主要黑色，额横纹甚阔，侧单眼后方具 1 对矮突起，后头缘呈驼峰状隆起；胸部黑色具灰白色条纹，背条纹与领条纹相连，合胸侧面第 2 条纹和第 3 条纹完整并在下方合并；腹部黑色，第 1 ~ 8 节具灰白色斑。雌性黑色具黄色斑，腹部较短。体长 78 ~ 81 mm，腹长 57 ~ 60 mm，后翅 46 ~ 49 mm。

栖息于海拔 1000 m 以下岩石丰富的开阔溪流。国内分布于黑龙江、吉林、辽宁、北京、河北、山东；国外分布于俄罗斯、朝鲜半岛、日本。飞行期为 6—9 月。

艾氏施春蜓 雄 徐寒摄

亚力施春蜓 *Sieboldius alexanderi* (Chao, 1955)

雄性面部主要黑色，额横纹甚阔，侧单眼后方具 1 对矮突起；胸部黑色具灰白色条纹，背条纹与领条纹不相连，合胸侧面第 2 条纹和第 3 条纹完整并在下方合并；腹部黑色，第 1 ~ 9 节具灰白色斑，上肛附器较长，端部具 1 个齿状突起，下肛附器甚短。雌性黑色具黄色斑，后头缘稍微隆起。体长 86 ~ 91 mm，腹长 66 ~ 68 mm，后翅 56 ~ 60 mm。

栖息于海拔 1000 m 以下的山区溪流。国内分布于浙江、福建、广西、广东、海南、香港；国外分布于越南。飞行期为 4—10 月。

① 亚力施春蜓 雌 宋睿斌摄
② 亚力施春蜓 雄

① 大团扇春蜓 雄 刘辉摄
② 大团扇春蜓 雌 徐寒摄

大团扇春蜓

Sinictinogomphus clavatus (Fabricius, 1775)

雄性面部主要黄色，侧单眼后方具1对锥形突起；胸部黑色，背条纹与领条纹不相连，肩前条纹较长，合胸侧面第2条纹和第3条纹完整；腹部黑色具黄色斑。雌性与雄性相似。体长69 ~ 71 mm，腹长51 ~ 55 mm，后翅41 ~ 47 mm。

栖息于海拔1500 m以下的池塘、水库和流速缓慢的溪流。国内除西北地区外全国广布；国外分布于西伯利亚、朝鲜半岛、日本、尼泊尔、缅甸、泰国、柬埔寨、老挝、越南。飞行期为3—11月。

小尖尾春蜓 *Stylogomphus tantulus* Chao, 1954

① 小尖尾春蜓 雄
② 小尖尾春蜓 雌

雄性上唇大面积黄色，额横纹较宽阔；胸部黑色，背条纹与领条纹不相连，合胸侧面第 2 条纹和第 3 条纹完整；腹部黑色，第 1 ~ 7 节具黄色斑。雌性与雄性相似但腹部较短。体长 42 ~ 43 mm，腹长 32 ~ 33 mm，后翅 23 ~ 27 mm。

栖息于海拔 1500 m 以下森林中的开阔溪流。中国特有，分布于河南、贵州、浙江、江西、福建、广东。飞行期为 5—8 月。

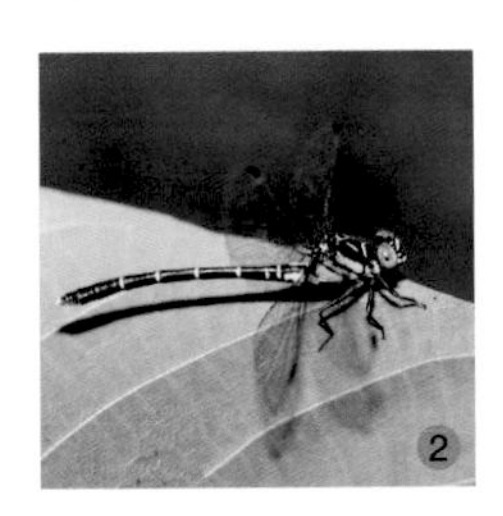

① 野居棘尾春蜓 雄性肛附器
② 野居棘尾春蜓 雌
③ 野居棘尾春蜓 雄

野居棘尾春蜓 *Trigomphus agricola* (Ris, 1916)

雄性复眼蓝色，面部大面积黄色，头顶黑色；胸部黑色，背条纹与领条纹相连，肩前条纹细长，有时间断，合胸侧面第 2 条纹大面积缺失，第 3 条纹完整；腹部黑色具黄白色斑，上肛附器上面白色，下面黑色，下肛附器黑色。雌性黑色具黄色斑。体长 42 ~ 45 mm，腹长 31 ~ 33 mm，后翅 24 ~ 26 mm。

栖息于海拔 500 m 以下的池塘和流速缓慢的开阔溪流。中国特有，分布于湖北、安徽、江苏、浙江、福建。飞行期为 3—5 月。

黄唇棘尾春蜓 *Trigomphus beatus* Chao, 1954

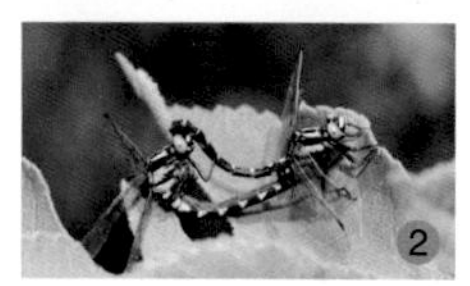

雄性复眼蓝色，上唇白色，额横纹甚阔；胸部黑色，背条纹与领条纹相连，具较小的肩前上点，合胸侧面第 2 条纹上方缺失，下方与第 3 条纹合并，第 3 条纹完整；腹部黑色具黄色斑，上肛附器基方 1/2 白色，下肛附器黑色。雌性与雄性相似。体长 41 ~ 43 mm，腹长 29 ~ 32 mm，后翅 23 ~ 24 mm。

栖息于海拔 500 m 以下的池塘和水库。中国特有，分布于湖北、湖南、福建、广西。飞行期为 3—4 月。

① 黄唇棘尾春蜓 雄性肛附器
② 黄唇棘尾春蜓 交尾
③ 黄唇棘尾春蜓 雄

① 吉林棘尾春蜓 交尾
② 吉林棘尾春蜓 雄性肛附器

吉林棘尾春蜓 *Trigomphus citimus* (Needham, 1931)

雄性复眼绿色，上唇黄色，额横纹甚阔；胸部黑色，背条纹与领条纹相连，具肩前上点和甚细的肩前下条纹，合胸侧面第 2 条纹大面积缺失，第 3 条纹完整明；腹部黑色，第 1 ~ 8 节具灰白色斑，上肛附器上面白色，下面黑色，下肛附器黑色。雌性黑色具黄色斑。体长 44 ~ 48 mm，腹长 32 ~ 35 mm，后翅 26 ~ 29 mm。

栖息于海拔 500 m 以下的池塘和流速缓慢的开阔溪流。国内分布于黑龙江、吉林；国外分布于俄罗斯、朝鲜半岛、日本。飞行期为 5—7 月。

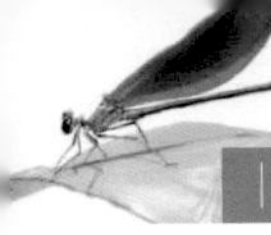

蝴蝶裂唇蜓 交尾 宋睿斌摄

裂唇蜓科 Family Chlorogomphidae

本科仅在亚洲分布，东洋界为分布中心。全世界已知 3 属 50 余种，但仍将有大量的新种被发现。中国已知 3 属 20 余种，在中国南方分布广泛。本科体大型，身体黑褐色具黄色条纹；头部正面观呈椭圆形，两复眼在头顶稍微分离，额高度隆起；翅宽阔，许多种类的雌性的翅具有两种色型，一种是大面积透明，另一种则是染有大面积的黄色、橙色、黑色和白色斑纹；腹部细长。

本科十分依赖茂盛的森林，栖息于具有一定海拔高度的清澈溪流。在海拔 500 ~ 1500 m 的清澈山区溪流是它们比较偏爱的环境。雄性具有显著的领域行为。未熟的成虫经常可见于峡谷和溪流上空翱翔。

① 长鼻裂唇蜓指名亚种 雌
宋睿斌摄
② 长鼻裂唇蜓指名亚种 雄

长鼻裂唇蜓指名亚种

Chlorogomphus nasutus nasutus Needham, 1930

雄性面部黑色，后唇基和上额黄色，额向体前方呈锥状突起；胸部肩前条纹和肩条纹较宽阔，合胸侧面具1条甚阔的黄色条纹；腹部黑色，第1 ~ 6节具黄色斑，第6节后方具黄色斑较大。雌性与雄性相似，翅基方有时具褐色斑。体长88 ~ 93 mm，腹长67 ~ 73 mm，后翅52 ~ 58 mm。

栖息于海拔2000 m以下森林中的狭窄溪流和渗流地。国内分布于四川、贵州、湖北、湖南、浙江、福建、广东、广西；国外分布于越南。飞行期为4—9月。

蝴蝶裂唇蜓 *Chlorogomphus papilio* Ris, 1927

① 蝴蝶裂唇蜓 雄
② 蝴蝶裂唇蜓 雌

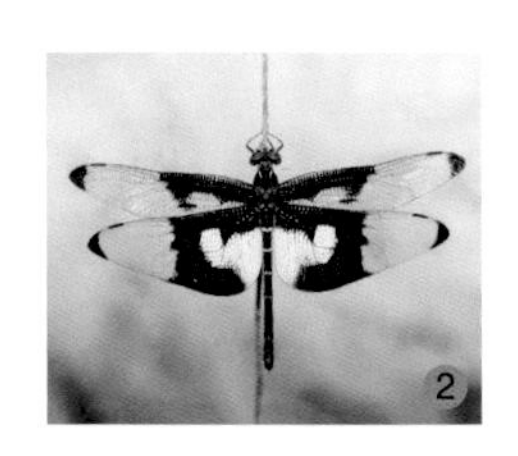

雄性复眼墨绿色；胸部具肩前条纹，合胸侧面具1条甚阔的黄色条纹，翅染有淡褐色，翅端具深褐色斑，后翅基部具黄褐相间的色斑；腹部黑色，第2～7节具黄色斑。雌性翅的色斑更发达，伸达翅结处；腹部第2～6节具黄色斑。体长81～88 mm，腹长58～63 mm，后翅63～73 mm。

栖息于海拔1500 m以下森林中的宽阔溪流。国内分布于华中、华南、西南地区；国外分布于越南。飞行期为4—9月。

铃木裂唇蜓 *Chlorogomphus suzukii* (Oguma, 1926)

雄性面部黑色，后唇基和上额黄色；胸部具甚阔的肩条纹和肩前条纹，合胸侧面具 1 条甚阔的黄色条纹；腹部黑色，第 1 ～ 7 节具黄色斑。雌性与雄性相似但更粗壮。体长 81 ～ 90 mm，腹长 63 ～ 70 mm，后翅 45 ～ 55 mm。

栖息于海拔 1500 m 以下森林中的溪流。中国特有，分布于山东、河南、四川、贵州、湖北、浙江、福建、台湾。飞行期为 5—9 月。

① 铃木裂唇蜓 雌
② 铃木裂唇蜓 雄

斑翅裂唇蜓 *Chlorogomphus usudai* Ishida, 1996

雄性面部黑色，后唇基具2对黄色斑，上额黄色；胸部具黄色的肩条纹和肩前条纹，合胸侧面具2条黄色条纹；腹部黑色，第1 ~ 6节具黄色斑。雌性多型，斑翅型翅基方和端方具发达的黑褐色斑；透翅型仅在翅端部具较大的黑褐色斑。体长67 ~ 70 mm，腹长52 ~ 55 mm，后翅46 ~ 52 mm。

栖息于海拔500 ~ 1500 m森林中的狭窄溪流、沟渠和小型瀑布。中国海南特有。飞行期为4—7月。

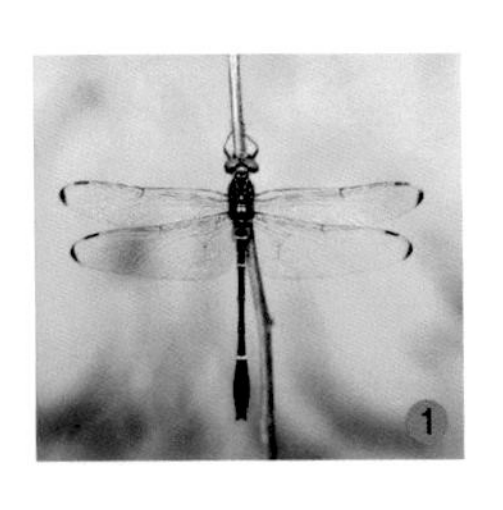

① 斑翅裂唇蜓 雄
② 斑翅裂唇蜓 雌

① U 纹裂唇蜓 雄
② U 纹裂唇蜓 雌

U 纹裂唇蜓 *Watanabeopetalia usignata* (Chao, 1999)

雄性面部黑色，上唇有时具“U”字形黄色斑，后唇基和上额黄色；胸部仅有肩前条纹，合胸侧面具 2 条甚阔的黄色条纹，翅透明，翅端具甚小的褐色斑；腹部黑色，第 1 ~ 7 节具黄色斑。雌性与雄性相似，翅染浅褐色。体长 78 ~ 80 mm，腹长 60 ~ 62 mm，后翅 47 ~ 50 mm。

栖息于海拔 500 ~ 2000 m 森林中的溪流。国内分布于陕西、湖北、四川、贵州、云南；国外分布于越南。飞行期为 5—9 月。

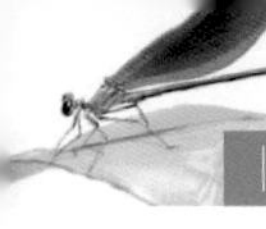

巨圆臀大蜓 雄

大蜓科 Family Cordulegastridae

本科全球已知 3 属 50 余种，广泛分布于全北界（另有 2 种分布于新热带界北部）和东洋界。本科体大型至巨型，有些种类的雌性体长超过 10 cm。复眼在头顶仅稍微分离，额隆起较高，口器的上颚发达；身体以黑色为主具鲜艳的黄色条纹、环纹和斑点；翅狭长而透明；雌性产卵管突出并超出腹部末端。

本科栖息于茂盛森林中的溪流和沟渠，偏爱狭窄而浅的泥沙溪流。成虫的飞行能力很强，具有游荡行为，经常远离溪流出没在空旷地和山脉顶峰。雄性会沿着小溪以慢速的低空飞行来寻找雌性。雌性具特殊的产卵行为——插秧式产卵。

双斑圆臀大蜓

Anotogaster kuchenbeiseri (Förster, 1899)

雄性复眼翠绿色，上唇具 1 对甚大的黄色斑，上颚外方黄色，后唇基黄色，额横纹甚阔；胸部肩前条纹甚阔；腹部黑色，第 2 ~ 9 节具宽阔的黄色条纹。雌性体型更大，翅基方具琥珀色斑。体长 80 ~ 95 mm，腹长 60 ~ 73 mm，后翅 46 ~ 50 mm。

栖息于海拔 1500 m 以下森林中的狭窄小溪和沟渠。中国特有，分布于北京、山西、陕西、河南、湖北、四川。飞行期为 6—9 月。

① 双斑圆臀大蜓 雄性肛附器
② 双斑圆臀大蜓 雌
③ 双斑圆臀大蜓 雄 姜科摄

清六圆臀大蜓 *Anotogaster sakaii* Zhou, 1988

① 清六圆臀大蜓 雄性肛附器
② 清六圆臀大蜓 雌
③ 清六圆臀大蜓 雄

雄性复眼翠绿色，上唇具1对较大的黄色斑，上颚外方褐色，后唇基黄色，额全黑色；胸部肩前条纹短；腹部黑色，第2 ~ 9节具黄色斑。雌性体型更大，翅基方具琥珀色斑，腹部的黄色条纹更丰富。体长93 ~ 108 mm，腹长71 ~ 83 mm，后翅53 ~ 63 mm。

栖息于海拔1000 ~ 2000 m森林中的狭窄小溪、渗流地和沟渠。国内分布于贵州、浙江、福建、湖南、广东。本种在越南的分布需要进一步确定。飞行期为6—8月。

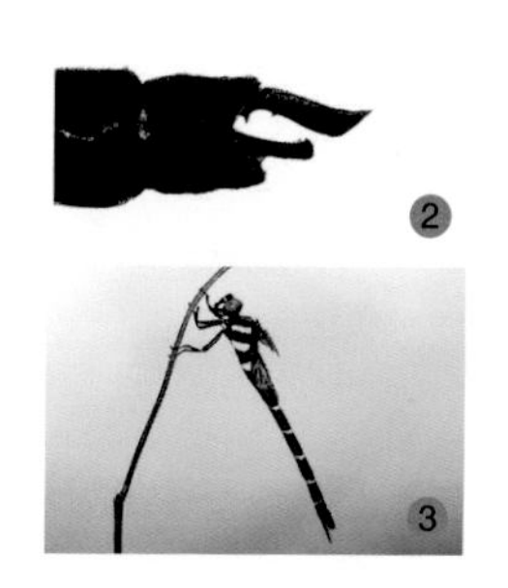

① 巨圆臀大蜓 雄 缪松摄
② 巨圆臀大蜓 雄性肛附器
③ 巨圆臀大蜓 雌

巨圆臀大蜓 *Anotogaster sieboldii* (Selys, 1854)

雄性复眼翠绿色，上唇具 1 对较大的黄斑，上颚外方黄色，后唇基黄色，额横纹较窄；胸部肩前条纹较长；腹部黑色，第 2 ~ 8 节具黄色条纹。雌性体型更大，翅基方具黄色斑。体长 87 ~ 107 mm，腹长 67 ~ 82 mm，后翅 53 ~ 65 mm。

栖息于海拔1500 m以下森林中的狭窄小溪、渗流地和沟渠。国内分布于重庆、贵州、湖北、江西、福建、广东；国外分布于日本、朝鲜半岛、西伯利亚。飞行期为 4—11 月。

北京角臀大蜓 *Neallogaster pekinensis* (Selys, 1886)

雄性面部黑色具黄色斑，上唇中央具甚大的黄色斑，后唇基和前额的下半部黄色，额具“T”字形黄色条纹；胸部肩前条纹甚阔，合胸侧面具 2 条甚阔的黄色条纹；腹部黑色具黄色斑。雌性体型更大且粗壮。体长 71 ~ 80 mm，腹长 54 ~ 62 mm，后翅 44 ~ 50 mm。

栖息于海拔 500 ~ 1500 m 森林中的狭窄小溪和沟渠。中国特有，分布于北京、四川。飞行期为 5—8 月。

① 北京角臀大蜓 雌 王铁军摄
② 北京角臀大蜓 雄性肛附器
③ 北京角臀大蜓 雄

伪蜻科 Family Corduliidae

本科全球已知 20 属超过 150 种，世界性分布。中国已知 5 属 10 余种，全国广布。本科体中型，复眼亮绿色并在头顶相交，如同绿宝石，很多种类身体具金属光泽；翅大面积透明，基室无横脉，前翅的三角室 2 室，前翅的基臀区具 1 条横脉，后翅的基臀区具 1 ~ 2 条横脉，臀圈靴状。

本科的多数种类栖息于池塘、湖泊和水潭等静水环境，少数种类生活在流速缓慢的溪流。本科在中国北方较常见，在南方则隐蔽于高海拔山区。雄性具显著的领域行为，经常靠近水面来回飞行或者间歇性悬停。

日本金光伪蜻 雄 王尚鸿摄

缘斑毛伪蜻 *Epitheca marginata* (Selys, 1883)

① 缘斑毛伪蜻 雌
② 缘斑毛伪蜻 雄

雄性复眼蓝绿色，面部黄褐色；胸部黑色具黄褐色条纹，翅稍染淡褐色；腹部黑色，第 1 ~ 8 节具黄色斑。雌性多型，透翅型翅透明；斑翅型的翅前缘具 1 条黑带，从翅基方伸达翅端。体长 52 ~ 54 mm，腹长 36 ~ 38 mm，后翅 36 ~ 39 mm。

栖息于海拔 1500 m 以下的池塘和水库。国内分布于北京、河北、山东、山西、江苏、安徽、湖北、贵州；国外分布于朝鲜半岛、日本。飞行期为 3—6 月。

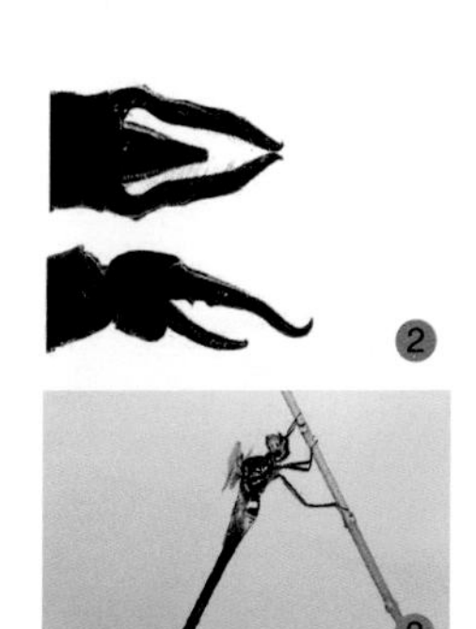

① 日本金光伪蜻 雄
② 日本金光伪蜻 雄性肛附器
③ 日本金光伪蜻 雌

日本金光伪蜻

Somatochlora exuberata Bartenev, 1910

雄性前唇基黄色，额黄色具甚大的黑色斑；胸部墨绿色具金属光泽；腹部黑色，第 1 节侧面具黄色斑，第 2 节侧面后缘具黄色细纹，第 3 节侧面基方具黄色斑。雌性与雄性相似，下生殖板甚长，伸向体下方。体长 51 ~ 55 mm，腹长 37 ~ 41 mm，后翅 36 ~ 38 mm。

栖息于海拔 1000 m 以下流速缓慢的小溪和池塘。国内分布于黑龙江、吉林、辽宁、北京；国外分布于朝鲜半岛、日本、西伯利亚。飞行期为 6—9 月。

格氏金光伪蜻 *Somatochlora graeseri* Selys, 1887

雄性前唇基黄色，额黄色具甚大的黑色斑；胸部墨绿色具金属光泽；腹部黑色，第 1 节侧面具黄色斑，第 2 节侧面具黄色细纹，第 3 节侧面基方具 1 对甚大的黄色斑。雌性与雄性相似，但腹部较粗壮。体长 49 ~ 57 mm，腹长 35 ~ 41 mm，后翅 34 ~ 38 mm。

栖息于海拔 1000 m 以下的池塘。国内分布于黑龙江、吉林、辽宁、北京；国外分布于朝鲜半岛、日本、俄罗斯。飞行期为 6—9 月。

① 格氏金光伪蜻 雄 温雨川摄
② 格氏金光伪蜻 雄性肛附器
③ 格氏金光伪蜻 雌

大伪蜻科 Family Macromiidae

本科已知 4 属 120 余种，世界性分布。中国已知 2 属 20 余种，全国广布。本科体型中至大型；复眼较大，具有如同宝石般的蓝色和绿色光泽，在头顶有很长的一段交汇；身体黑色或墨绿色具黄色条纹，许多种类具金属光泽，腹部细长具明显的黄色斑或黄色环；翅透明而狭长，一些种类的雌性翅染有琥珀色；翅脉的特征包括基室无横脉，前翅的基臀区具 4 ~ 5 条横脉；臀圈较发达，呈多边形，臀三角室 2 室。

本科栖息于山区溪流和静水环境，包括水库、湖泊和大型池塘。它们具有极强的飞行能力，被称为“巡洋舰”。雄性可以沿着水面边缘巡逻一整天。雌性在水边缘的浅滩以强有力的点水方式产卵。

闪蓝丽大伪蜻 雄 巡逻飞行 王尚鸿摄

闪蓝丽大伪蜻 *Epophthalmia elegans* (Brauer, 1865)

雄性复眼绿色，面部黑色具黄色和白色斑纹；胸部黑绿色具金属光泽和宽阔的黄色条纹；腹部黑色具黄色斑。雌性与雄性相似，翅基方具琥珀色斑。体长 76 ~ 82 mm，腹长 53 ~ 59 mm，后翅 48 ~ 51 mm。

栖息于海拔 2000 m 以下的河流、水库、湖泊和大型池塘。全国广布；国外分布于朝鲜半岛、日本、西伯利亚、老挝、越南、菲律宾。全年可见。

① 闪蓝丽大伪蜻 雌
② 闪蓝丽大伪蜻 雄

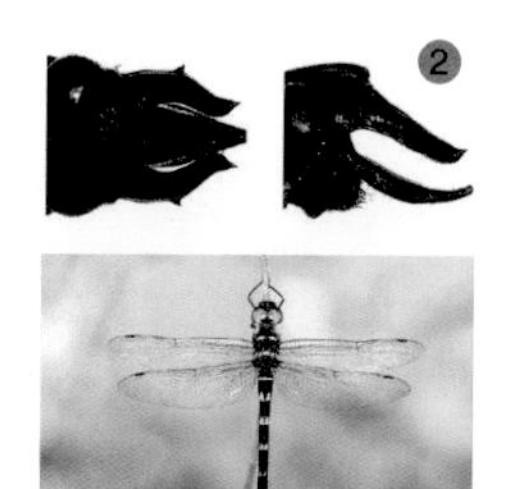

① 海神大伪蜻 雄 宋睿斌摄
② 海神大伪蜻 雄性肛附器
③ 海神大伪蜻 雌 宋睿斌摄

海神大伪蜻 *Macromia clio* Ris, 1916

雄性后唇基黄白色；胸部肩前条纹较短；腹部黑色，第 2 ~ 8 节具黄色斑。雌性更粗壮，腹部第 2 ~ 7 节具甚大的黄色斑。体长 70 ~ 81 mm，腹长 50 ~ 60 mm，后翅 42 ~ 49 mm。

栖息于海拔 1000 m 以下的溪流和河流。国内分布于云南（红河州）、贵州、浙江、福建、广西、广东、海南、台湾；国外分布于日本、越南。飞行期为 3—8 月。

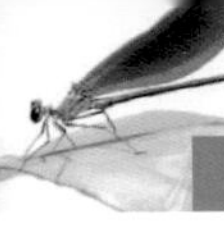

大斑大伪蜻 *Macromia daimoji* Okumura, 1949

雄性后唇基白色；胸部肩前条纹较长；腹部黑色，第 2 ~ 9 节具黄色斑，第 7 ~ 9 节膨大。雌性与雄性相似，腹部的黄色斑更发达，翅基方稍染琥珀色。体长 67 ~ 73 mm，腹长 50 ~ 54 mm，后翅 43 ~ 49 mm。

栖息于海拔 1000 m 以下的溪流和河流。国内分布于云南（红河州）、贵州、广东、海南、台湾，东北地区的分布记录存疑；国外分布于日本、西伯利亚、越南。飞行期为 4—8 月。

① 大斑大伪蜻 雄
② 大斑大伪蜻 雄性肛附器
③ 大斑大伪蜻 雌

① 福建大伪蜻 雄性肛附器
② 福建大伪蜻 雌 宋睿斌摄
③ 福建大伪蜻 雄 宋睿斌摄

福建大伪蜻 *Macromia malleifera* Lieftinck, 1955

雄性后唇基黄色；胸部肩前条纹甚短；腹部黑色，第 2 ~ 8 节具黄色斑，第 10 节背面稍微隆起。雌性腹部粗壮，第 2 ~ 7 节具黄色环纹，翅浅褐色。体长 77 ~ 82 mm，腹长 57 ~ 61 mm，后翅 50 ~ 55 mm。

栖息于海拔 1500 m 以下的山区溪流。中国特有，分布于浙江、湖南、福建、广东。飞行期为 4—10 月。

东北大伪蜻 *Macromia manchurica* Asahina, 1964

雄性上唇具1对白色三角形斑点，后唇基白色；胸部肩前条纹较短；腹部黑色，第2 ~ 8节具黄色斑，第10节背面具1个锥形突起。雌性身体条纹黄色，腹部第2 ~ 7节具甚阔的黄条纹。体长70 ~ 73 mm，腹长50 ~ 54 mm，后翅43 ~ 46 mm。

栖息于海拔1000 m以下的溪流和河流。国内分布于黑龙江、吉林、辽宁、北京；国外分布于朝鲜半岛、西伯利亚。飞行期为6—9月。

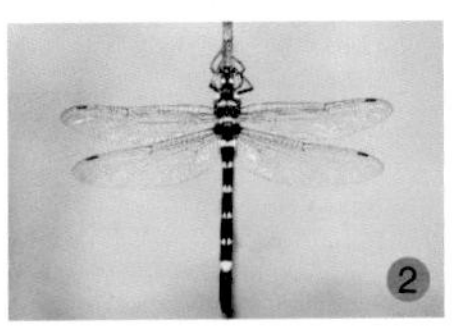

① 东北大伪蜻 雄性肛附器
② 东北大伪蜻 雌
③ 东北大伪蜻 雄

① 莫氏大伪蜻指名亚种 雄
② 莫氏大伪蜻指名亚种
雄性肛附器
③ 莫氏大伪蜻指名亚种 雌

莫氏大伪蜻指名亚种

Macromia moorei moorei Selys, 1874

雄性面部褐色；胸部无肩前条纹，中胸前侧板下方和后胸后侧板下方褐色；腹部黑色，第 2 ~ 8 节具黄白色斑。雌性较粗壮，腹部较短，腹部第 2 ~ 7 节具宽阔的黄色环纹。体长 71 ~ 78 mm，腹长 52 ~ 57 mm，后翅 47 ~ 53 mm。

栖息于海拔 1000 ~ 2500 m 的溪流和河流。国内分布于云南、四川、贵州、湖北；国外分布于南亚。飞行期为 5—9 月。

天王大伪蜻 *Macromia urania* Ris, 1916

雄性后唇基黄色；胸部肩前条纹较长；腹部黑色，第 2 ~ 8 节具黄色斑，第 7 ~ 9 节膨大。雌性翅淡琥珀色，基方具褐色斑，腹部第 7 ~ 9 节膨大更显著。体长 66 ~ 69 mm，腹长 50 ~ 53 mm，后翅 39 ~ 44 mm。

栖息于海拔 1000 m 以下的溪流和河流。国内分布于云南、贵州、福建、广西、广东、海南、香港、台湾；国外分布于日本、越南。飞行期为 3—10 月。

① 天王大伪蜻 雄 宋睿斌摄
② 天王大伪蜻 雄性肛附器
③ 天王大伪蜻 雌 宋睿斌摄

综蜻科 Family Synthemistidae

本科世界性分布，全球已知28属150种。中国已知2属16种，分布于华南和西南地区。中国分布的综蜻体中型；复眼发达，亮绿色，身体墨绿色具金属光泽和黄色条纹；翅透明，翅脉较稀疏，基室无横脉，三角室仅1室。

本科主要栖息于茂盛森林中的溪流。多数种类喜欢阴暗的环境，白天停落在茂盛的森林中躲避阳光，黄昏时较活跃。

飓中伪蜻 雄 宋睿斌摄

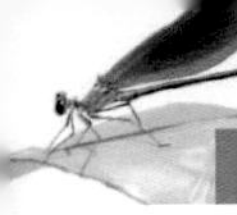

长角异伪蜻 *Idionyx carinata* Fraser, 1926

雄性面部黑色具金属光泽；胸部金属黑绿色，侧面具2条黄色条纹；腹部黑色，第1～4节背面后方具甚细的黄色条纹，第10节背面具1个刺突。雌性头顶具3个角状突起，翅浅褐色，基方具琥珀色斑。体长46～50 mm，腹长35～37 mm，后翅35～38 mm。

栖息于海拔1500 m以下森林中的溪流。国内分布于贵州、浙江、福建、湖南、广西、广东；国外分布于老挝、越南。飞行期为5—8月。

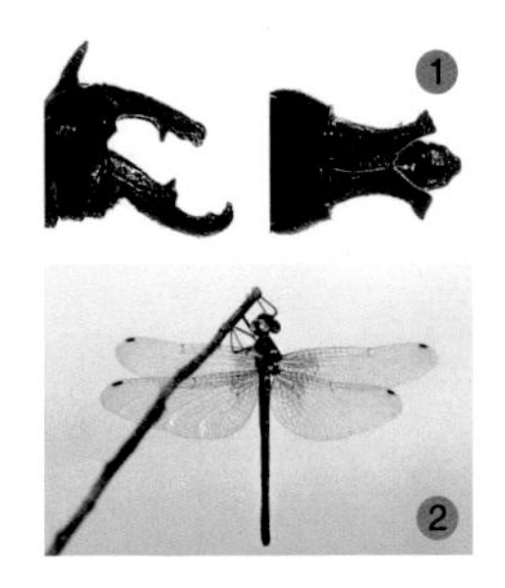

① 长角异伪蜻 雄性肛附器
② 长角异伪蜻 雌
③ 长角异伪蜻 雄 宋睿斌摄

威异伪蜻 *Idionyx victor* Hämäläinen, 1991

雄性面部黑色具金属光泽，上唇白色，前唇基中央具白斑；胸部黑绿色具金属光泽，合胸侧面具 2 条黄色条纹；腹部黑色，第 1 ~ 4 节背面后方具甚细的黄色条纹。雌性与雄性色彩相似，翅基方具琥珀色斑。体长 42 ~ 43 mm，腹长 31 ~ 32 mm，后翅 29 ~ 33 mm。

栖息于海拔 500 m 以下森林中的溪流。国内分布于云南、福建、广西、广东、海南、香港；国外分布于越南。飞行期为 4—8 月。

① 威异伪蜻 雄 吴宏道摄
② 威异伪蜻 雄性肛附器
③ 威异伪蜻 雌 宋睿斌摄

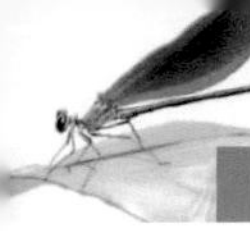

飓中伪蜻 *Macromidia rapida* Martin, 1907

① 飓中伪蜻 雄 宋睿斌摄
② 飓中伪蜻 雌 宋睿斌摄

雄性面部黄褐色，额和头顶黑绿色具金属光泽；胸部无肩前条纹，侧面具2条黄色条纹；腹部黑色，第1 ~ 7节具黄色条纹，上肛附器基方黄色，端方黑色。雌性与雄性相似，翅基方具黑褐色条纹。体长50 ~ 53 mm，腹长38 ~ 42 mm，后翅32 ~ 38 mm。

栖息于海拔1000 m以下森林中的溪流和沟渠。国内分布于云南、广东、广西、海南、香港；国外分布于泰国、老挝、越南。飞行期为4—8月。

蜻科 Family Libellulidae

本科世界性分布，全球已知 142 属 1000 余种，是蜻蜓目最庞大的一个科。中国已经发现 42 属 140 余种。本科大部分种类体色非常艳丽，色彩丰富，体形千姿百态，是蜻蜓目中观赏性最高的一类。多数种类通过身体色彩即可识别，少数较相似的种类可通过肛附器、钩片及下生殖板构造来区分。

本科主要栖息于各种静水水域，在水草茂盛的湿地种类繁多。少数种类生活在溪流、河流等流水环境。雄性具显著的领域行为，在晴朗的天气，通常停落在水面附近占据领地，有些种类具长时间悬停飞行的本领。雌性不常见，仅在产卵时才会靠近水面。

黑丽翅蜻 雌 徐寒摄

锥腹蜻 *Acisoma panorpoides* Rambur, 1842

雄性复眼蓝色，面部蓝白色；胸部蓝白色，布满黑色细条纹，翅透明；腹部基方半部膨胀，前 7 节主要蓝白色并具黑色斑纹，后 3 节黑色。雌性复眼绿色，身体黄色具黑色斑纹。体长 25 ~ 28 mm，腹长 16 ~ 18 mm，后翅 19 ~ 20 mm。

栖息于海拔 2500 m 以下水草茂盛的湿地、池塘和水稻田。国内广泛分布于南方；国外广布于亚洲和非洲。全年可见。

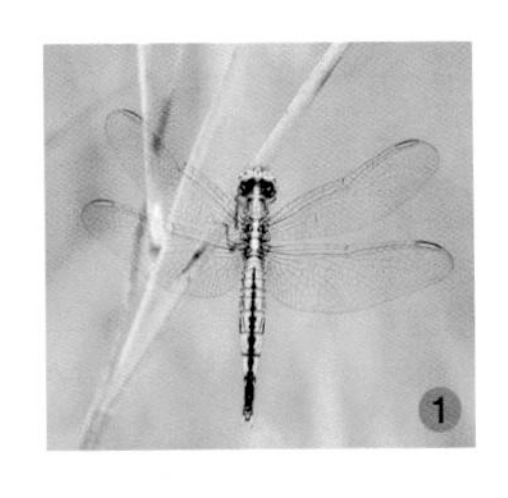

① 锥腹蜻 雌 严少华摄
② 锥腹蜻 雄 严少华摄

① 霜白疏脉蜻 雄
② 霜白疏脉蜻 雌

霜白疏脉蜻 *Brachydiplax farinosa* Krüger, 1902

雄性复眼黑褐色，面部白色，额具金属蓝黑色斑；合胸背面稍微覆盖蓝白色粉霜，侧面蓝黑色，翅透明；腹部基方至第6节中部具白色粉霜，第7 ~ 10节和肛附器黑色。雌性两型，白色型个体与雄性相似，但色彩稍淡；黄色型个体身体棕黄色，合胸和腹部具黑色条纹。体长23 ~ 25 mm，腹长14 ~ 15 mm，后翅17 ~ 18 mm。

栖息于海拔1000 m以下挺水植物茂盛的池塘。国内分布于云南；国外分布于孟加拉国、文莱、印度、缅甸、泰国、老挝、越南、马来西亚、印度尼西亚。全年可见。

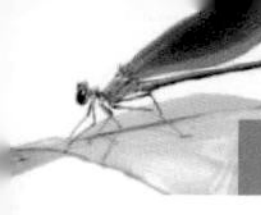

蓝额疏脉蜻 *Brachydiplax flavovittata* Ris, 1911

雄性复眼上方褐色，下方绿色，面部白色，额具金属蓝黑色斑；合胸背面覆盖蓝白色粉霜，侧面黑色具 2 条宽阔的黄条纹，翅透明，基方具琥珀色斑；腹部第 1 ~ 6 节中部具白色粉霜，第 7 ~ 10 节和肛附器黑色。雌性主要黑褐色具黄色条纹。体长 34 ~ 40 mm，腹长 22 ~ 25 mm，后翅 27 ~ 29 mm。

栖息于海拔 1500 m 以下挺水植物茂盛的池塘。国内广布于南方地区；国外分布于日本、越南。飞行期为 3—12 月。

① 蓝额疏脉蜻 雄 严少华摄
② 蓝额疏脉蜻 雌 张运磊摄

① 黄翅蜻 雌
② 黄翅蜻 雄

黄翅蜻 *Brachythemis contaminata* (Fabricius, 1793)

雄性复眼褐色，面部黄褐色；胸部褐色具不清晰的深褐色条纹，翅具甚大的橙红色斑，仅端部透明；腹部橙红色具细小的褐色斑。雌性黄褐色，胸部和腹部具甚细的褐色斑纹。体长 27 ~ 31 mm，腹长 17 ~ 19 mm，后翅 21 ~ 23 mm。

栖息于海拔 1500 m 以下的池塘、湖泊、水库等静水环境。国内广布于南方地区；国外广布于南亚、东南亚、日本。全年可见。

线纹林蜻指名亚种 *Cratilla lineate lineata* (Brauer, 1878)

雄性复眼上方褐色，下方黄绿色，面部白色，额具金属蓝黑色斑；胸部深褐色具数条并行排列的黄色条纹，足黑色，翅透明；腹部黑褐色，具短而细的黄色条纹。体长 45 ~ 50 mm，腹长 30 ~ 33 mm，后翅 34 ~ 41 mm。

栖息于海拔 2000 m 以下森林中林道上的小积水潭和季节性水塘。国内分布于云南、广西、海南；国外分布于斯里兰卡、缅甸、泰国、越南、马来西亚、印度尼西亚、菲律宾、新加坡。全年可见。

线纹林蜻指名亚种 雄 宋睿斌摄

红蜻古北亚种 *Crocothemis servilia mariannae* Kiauta, 1983

雄性通体红色；翅透明，基方具橙色斑。雌性多型，分为黄色型和红色型。雄性比指明亚种的颜色更深，翅基方的色斑面积更大色彩更深。雌性多型，并未在指名亚种中发现红色型雌性。体长 44 ~ 47 mm，腹长 28 ~ 31 mm，后翅 34 ~ 35 mm。

栖息于海拔 1000 m 以下水草茂盛的湿地、池塘和水稻田。国内广布于北方地区；国外分布于朝鲜半岛、日本。飞行期为 5—9 月。

红蜻古北亚种 雄 徐寒摄

红蜻指名亚种

Crocothemis servilia servilia (Drury, 1773)

雄性通体红色；翅透明，基方具橙色斑；有时腹部有黑色背中线。雌性棕黄色。体长 40 ~ 44 mm，腹长 26 ~ 29 mm，后翅 32 ~ 33 mm。

栖息于海拔 2500 m 以下水草茂盛的湿地、池塘和水稻田。国内广布于南方地区；国外广布于亚洲的热带和亚热带区域、中东、欧洲、美国、牙买加、古巴。全年可见。

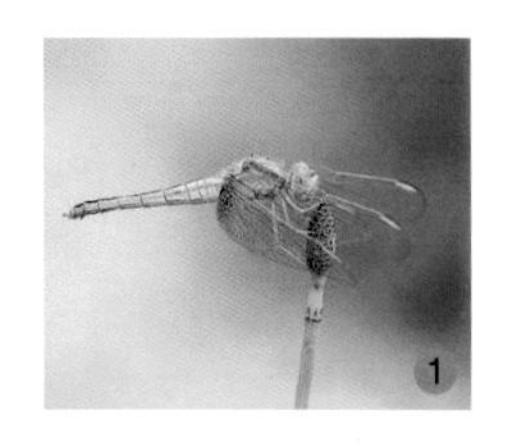

① 红蜻指名亚种 雌
② 红蜻指名亚种 雄 严少华摄

① 异色多纹蜻 雄 刘辉摄
② 异色多纹蜻 雌 温雨川摄

异色多纹蜻 *Deielia phaon* (Selys, 1883)

雄性成熟以后胸部和腹部覆盖蓝白色粉霜，翅透明。雌性多型，蓝色型与雄性相似；橙色型身体黄色并具黑色条纹，翅橙色，近翅端常具褐色条纹。体长 40 ~ 42 mm，腹长 28 ~ 30 mm，后翅 32 ~ 36 mm。

栖息于海拔 2000 m 以下的水库周边和中型池塘。国内广布于东北至西南地区；国外分布于朝鲜半岛、日本、西伯利亚。飞行期为 4—9 月。

纹蓝小蜻 *Diplacodes trivialis* (Rambur, 1842)

① 纹蓝小蜻 雄 严少华摄
② 纹蓝小蜻 雌 严少华摄

雄性完全成熟后身体覆盖蓝色粉霜；翅透明。雌性身体黄色并具较丰富的黑色条纹；翅透明。体长 29 ~ 32 mm，腹长 19 ~ 22 mm，后翅 21 ~ 25 mm。

栖息于海拔 2000 m 以下的湿地和池塘，包括暂时性水塘。国内广布于华南和西南地区；国外广布于亚洲、大洋洲。全年可见。

① 臀斑楔翅蜻 雌 吴宏道摄
② 臀斑楔翅蜻 雄 宋睿斌摄

臀斑楔翅蜻 *Hydrobasileus croceus* (Brauer, 1867)

通体橙色。雄性腹部具黑黄相间的斑点；翅橙色，后翅臀区具甚大的褐色斑。雌性腹部无显著斑点。体长 47 ~ 54 mm，腹长 31 ~ 35 mm，后翅 41 ~ 50 mm。

栖息于海拔 1000 m 以下水草茂盛的湿地。国内广布于南方；国外分布于日本、文莱、孟加拉国、印度、斯里兰卡、缅甸、泰国、越南、马来西亚、印度尼西亚、菲律宾、新加坡。飞行期为 3—12 月。

低斑蜻 *Libellula angelina* Selys, 1883

成熟的雄性身体黑褐色；翅透明具三角形黑色斑。雌性身体黄褐色；翅透明具褐色斑；腹部背面中央具1条黑色宽条纹。未熟的雄性与雌性色彩相似。体长38 ~ 43 mm，腹长25 ~ 27 mm，后翅30 ~ 32 mm。

栖息于海拔500 m以下挺水植物茂盛的湿地。国内分布于北京、河北、山西、江苏、安徽、湖北；国外分布于朝鲜半岛、日本。飞行期为3—5月。

① 低斑蜻 雌 安迪摄
② 低斑蜻 雄 徐寒摄

① 米尔蜻 雄 秦彧摄
② 米尔蜻 雌

米尔蜻 *Libellula melli* Schmidt, 1948

雄性头部和胸部褐色，翅透明，基方具甚大的黑褐色斑；腹部甚阔，第 3 ~ 7 节覆盖蓝白色粉霜，其余各节褐色。雌性黄褐色。体长 43 ~ 46 mm，腹长 26 ~ 30 mm，后翅 38 ~ 40 mm。

栖息于海拔 500 ~ 2000 m 森林中的水塘。国内分布于四川、贵州、湖北、湖南、安徽、浙江、福建、广东；国外分布于越南。飞行期为 4—8 月。

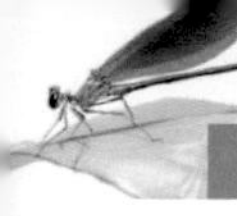

小斑蜻 雄 袁屏摄

小斑蜻 *Libellula quadrimaculata* Linnaeus, 1758

头部复眼褐色，面部黄色；胸部黄褐色，翅透明，前缘稍染金黄色，翅结处和基方具褐色斑，有些褐色斑甚小，有些则较发达；腹部基方6节褐色，后方4节主要黑色，第2 ~ 9节侧面具黄色斑点。体长42 ~ 47 mm，腹长27 ~ 30 mm，后翅34 ~ 36 mm。

栖息于海拔500 m以下水草茂盛的池塘。国内分布于黑龙江、吉林、辽宁、内蒙古；国外分布于朝鲜半岛、日本、西伯利亚、欧洲、北美洲。飞行期为5—8月。

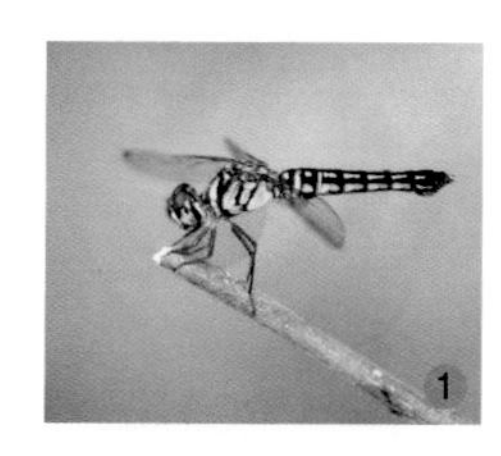

① 华丽宽腹蜻 雌 宋睿斌摄
② 华丽宽腹蜻 雄 温雨川摄

华丽宽腹蜻 *Lyriothemis elegantissima* Selys, 1883

雄性头部复眼绿褐色，面部白色，额具 1 个甚大的深蓝色金属斑；胸部黄褐色具黑色条纹，翅透明；腹部鲜红色，背面中央具甚细的黑色线纹，末端 2 节黑色。雌性黄褐色并具黑色条纹，第 8 节侧面有较小的片状突起。体长 36 ~ 41 mm，腹长 23 ~ 26 mm，后翅 30 ~ 35 mm。

栖息于海拔 1000 m 以下的林荫池塘。国内分布于福建、广东、广西、海南、香港、台湾；国外分布于日本、泰国、越南、柬埔寨。飞行期为 5—10 月。

金黄宽腹蜻 *Lyriothemis flava* Oguma, 1915

雄性复眼黑褐色，面部白色，额具1个甚大的深蓝色金属斑；胸部黑褐色，具甚阔的肩前条纹，胸部侧面具2条宽阔的黄条纹，翅透明；腹部甚阔，金黄色，沿背面中央具1条黑色线纹，末端黑褐色。雌性与雄性相似，腹部第8～10节主要黑褐色。体长46～47 mm，腹长30～31 mm，后翅34～38 mm。

栖息于海拔1000 m以下茂盛森林中的小型水潭和树洞中的积水潭。国内分布于贵州、福建、广东、广西、海南、台湾；国外分布于日本、孟加拉国、印度、缅甸、越南。飞行期为3—9月。

① 金黄宽腹蜻 雌
② 金黄宽腹蜻 雄 宋黎明摄

① 闪绿宽腹蜻 雄 许明岗摄
② 闪绿宽腹蜻 雌

闪绿宽腹蜻 *Lyriothemis pachygastra* (Selys, 1878)

雄性复眼黑褐色，面部白色，额具 1 个甚大的深蓝色金属斑；胸部黑褐色，年老后稍染蓝色粉霜，翅透明；腹部覆盖深蓝色粉霜，沿背面中央具 1 条黑色线纹。雌性黄褐色并具黑色条纹，腹部第 8 节侧面具甚小的片状突起。体长 32 ~ 35 mm，腹长 21 ~ 24 mm，后翅 24 ~ 26 mm。

栖息于海拔 2500 m 以下的沼泽地。国内除华南地区外全国广布；国外分布于朝鲜半岛、日本、西伯利亚、泰国。飞行期为 5—9 月。

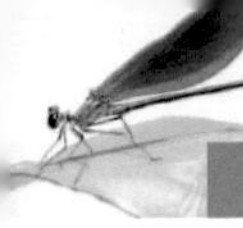

侏红小蜻 *Nannophya pygmaea* Rambur, 1842

雄性通体红色；后翅基部具大块红褐色斑。雌性黑褐色具浅黄色斑点。体长 17 ~ 19 mm，腹部 9 ~ 11 mm，后翅 12 ~ 15 mm。

栖息于海拔 1500 m 以下水草茂盛的池塘和水稻田。国内分布于江苏、浙江、安徽、福建、湖南、江西、广东、广西、海南、香港、台湾；国外分布于日本、东南亚。飞行期为 4—9 月。

① 侏红小蜻 雄 宋睿斌摄
② 侏红小蜻 雌 宋睿斌摄

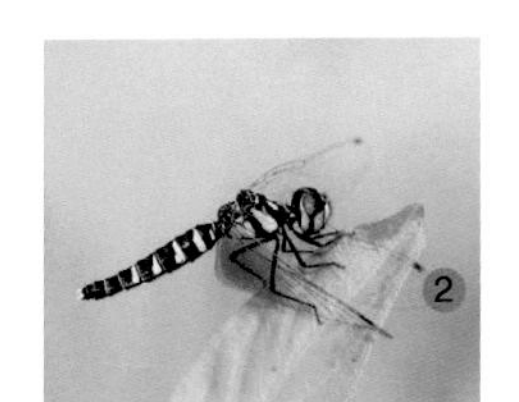

① 网脉蜻 雌 吴宏道摄
② 网脉蜻 雄 严少华摄

网脉蜻 *Neurothemis fulvia* (Drury, 1773)

雄性通体红色；翅大面积红色，仅端部透明。雌性黄褐色。体长 35 ~ 40 mm，腹部 20 ~ 26 mm，后翅 26 ~ 32 mm。

栖息于海拔 2000 m 以下的湿地和水稻田。国内分布于云南、福建、广东、广西、海南、香港、台湾；国外分布于南亚、东南亚。全年可见。

截斑脉蜻 *Neurothemis tullia* (Drury, 1773)

雄性身体黑褐色；胸部背脊黄色，翅基方2/3处黑色，近翅端或具乳白色斑，或缺失；腹部黑色，背面中央具1个甚阔的黄色条纹。雌性主要黄色；翅基部和端部染有不同程度的琥珀色；腹部背面具黑色条纹。体长25 ~ 30 mm，腹部16 ~ 20 mm，后翅19 ~ 23 mm。

栖息于海拔1500 m以下的池塘和水稻田。国内分布于福建、广东、广西、海南、香港、台湾；国外分布于南亚、东南亚。

① 截斑脉蜻 雌 严少华摄
② 截斑脉蜻 雄 宋睿斌摄

海湾爪蜻 雄 宋睿斌摄

海湾爪蜻 *Onychothemis tonkinensis* Martin, 1904

雄性复眼深绿色，面部黄色，额具蓝黑色斑；胸部主要黑色，合胸脊黄色，侧面具 3 条黄色细条纹，翅透明；腹部黑色具丰富的黄色斑点。雌性与雄性相似但更粗壮。体长 54 ~ 58 mm，腹部 34 ~ 37 mm，后翅 44 ~ 49 mm。

栖息于海拔 1000 m 以下的山区开阔小溪。国内分布于云南、广东、广西、海南、香港、台湾；国外分布于越南、新加坡。飞行期为 3—10 月。

白尾灰蜻 *Orthetrum albistylum* Selys, 1848

① 白尾灰蜻 雄 徐寒摄
② 白尾灰蜻 雌 温雨川摄

雄性复眼深绿色，面部白色；胸部褐色，侧面具2条白色条纹，翅透明；腹部第1 ~ 6节覆盖蓝白色粉霜，其余各节黑色。雌性多型，蓝色型与雄性相似；黄色型身体主要土黄色。体长50 ~ 56 mm，腹长35 ~ 38 mm，后翅37 ~ 42 mm。

栖息于海拔2000 m以下的湿地、水稻田、沟渠和流速缓慢的溪流。全国广布；国外分布于朝鲜半岛、日本、西伯利亚、中亚、欧洲。飞行期为3—10月。

华丽灰蜻 *Orthetrum chrysis* (Selys, 1891)

雄性复眼灰褐色，面部红褐色；胸部褐色，翅透明，后翅基方染有琥珀色斑；腹部鲜红色。雌性黄褐色，第 8 节侧面具片状突起。体长 42 ~ 51 mm，腹长 28 ~ 34 mm，后翅 33 ~ 38 mm。

栖息于海拔 1000 m 以下的湿地。国内分布于云南、广西、广东、海南、香港；国外广布于亚洲的热带和亚热带区域。全年可见。

① 华丽灰蜻 雌 吴宏道摄
② 华丽灰蜻 雄

黑尾灰蜻 *Orthetrum glaucum* (Brauer, 1865)

雄性复眼深绿色，面部黑褐色；完全成熟后胸部和腹部覆盖蓝色粉霜，翅透明，后翅基方具甚小的琥珀色斑。雌性年轻时黄色具褐色条纹，年老以后腹部覆盖灰色粉霜，第 8 节侧面具不发达的片状突起。体长 42 ~ 51 mm，腹长 27 ~ 31 mm，后翅 32 ~ 35 mm。

栖息于海拔 2000 m 以下的湿地、沟渠和流速缓慢的溪流。国内广布于中部至南部地区；国外广布于亚洲的热带和亚热带区域。全年可见。

① 黑尾灰蜻 雌 宋睿斌摄
② 黑尾灰蜻 雄 宋睿斌摄

① 褐肩灰蜻 雄
② 褐肩灰蜻 雌 吴宏道摄

褐肩灰蜻 *Orthetrum internum* McLachlan, 1894

雄性复眼蓝绿色，面部黄白色；合胸背面覆盖白色粉霜，侧面具2条黄色宽条纹，翅透明；腹部较宽阔，覆盖白色粉霜。雌性黄色具丰富的黑色条纹，第8节侧面具不发达的片状突起。体长41 ~ 44 mm，腹长26 ~ 29 mm，后翅32 ~ 34 mm。

栖息于海拔2000 m以下的湿地和水稻田。国内广布于中部至南部地区；国外分布于朝鲜半岛、日本。飞行期为3—9月。

线痣灰蜻 交尾 刘辉摄

线痣灰蜻 *Orthetrum lineostigma* (Selys, 1886)

雄性复眼蓝绿色，面部蓝白色；完全成熟后胸部和腹部覆盖蓝色粉霜，翅透明，翅端具褐色斑。雌性黄褐色具丰富的黑色条纹；翅稍染褐色，翅端具褐色斑；腹部第 8 节侧面具不发达的片状突起。体长 41 ~ 45 mm，腹长 27 ~ 30 mm，后翅 32 ~ 35 mm。

栖息于海拔 1000 m 以下的狭窄小溪、宽阔河流中水草茂盛的浅水部分和水草茂盛的池塘。国内分布于吉林、辽宁、北京、河北、河南、山西、陕西、山东、江苏；国外分布于朝鲜半岛。飞行期为 4—9 月。

① 吕宋灰蜻 雌 宋睿斌摄
② 吕宋灰蜻 雄 宋睿斌摄

吕宋灰蜻 *Orthetrum luzonicum* (Brauer, 1868)

雄性复眼蓝绿色，面部蓝白色；完全成熟后胸部和腹部覆盖蓝色粉霜，翅透明。雌性黄褐色具丰富的黑色条纹；翅稍染褐色；腹部第 8 节侧面具不发达的片状突起。本种与线痣灰蜻相似但翅痣色彩不同。体长 38 ~ 45 mm，腹长 27 ~ 32 mm，后翅 28 ~ 32 mm。

栖息于海拔 2500 m 以下的狭窄小溪、宽阔河流中水草茂盛的浅水部分和水草茂盛的池塘。国内广布于中部至南部地区；国外广布于亚洲的热带和亚热带区域。全年可见。

异色灰蜻 *Orthetrum melania* (Selys, 1883)

雄性全身覆盖蓝色粉霜；头部黑褐色；翅透明，翅端稍染褐色，后翅基方具黑褐色斑；腹部末端黑色。雌性黄色具黑色条纹，腹部第 8 节侧面具片状突起。体长 51 ~ 55 mm，腹长 33 ~ 35 mm，后翅 40 ~ 43 mm。

栖息于海拔 2000 m 以下的湿地、水塘和沟渠。国内广布于华北、华南和西南地区；国外分布于朝鲜半岛、日本、俄罗斯。全年可见。

① 异色灰蜻 雌
② 异色灰蜻 雄 宋睿斌摄

① 赤褐灰蜻中印亚种 雄
② 赤褐灰蜻中印亚种 雌

赤褐灰蜻中印亚种

Orthetrum pruinosum neglectum (Rambur, 1842)

雄性复眼灰褐色，面部红褐色；胸部褐色，翅透明，后翅基方具褐色斑；腹部粉红色。雌性黄褐色，第 8 节侧面具片状突起。体长 46 ～ 50 mm，腹长 31 ～ 33 mm，后翅 35 ～ 38 mm。

栖息于海拔 2500 m 以下的各类湿地、水库、沟渠、水稻田和流速缓慢的溪流。国内广布于南部地区；国外广布于亚洲热带和亚热带区域。全年可见。

狭腹灰蜻 *Orthetrum sabina* (Drury, 1773)

雄性复眼绿色，面部黄色；胸部黄色具黑色细纹，翅透明；腹部黑色具黄色和白色条纹，第 1 ~ 3 节膨大显著，第 7 ~ 9 节稍膨大。雌性较相似但腹部较粗。体长 47 ~ 51mm，腹长 34 ~ 37 mm，后翅 33 ~ 35 mm。

栖息于海拔 2500 m 以下的各类湿地、水库、沟渠、水稻田和流速缓慢的溪流。国内广布于中部至南部地区；国外广布于从地中海东部经亚洲南部至大洋洲。全年可见。

① 狭腹灰蜻 雄 宋睿斌摄
② 狭腹灰蜻 雌 袁屏摄

① 鼎脉灰蜻 雌 宋睿斌摄
② 鼎脉灰蜻 雄 宋睿斌摄

鼎脉灰蜻 *Orthetrum triangulare* (Selys, 1878)

雄性复眼深绿色，面部黑色；胸部黑褐色，翅透明，后翅基方具黑褐色斑；腹部黑色，第1 ~ 7节具蓝白色粉霜。雌性黄色具褐色条纹，年老后腹部覆盖蓝灰色粉霜；腹部第8节侧面具片状突起。体长45 ~ 50 mm，腹长29 ~ 33 mm，后翅39 ~ 41 mm。

栖息于海拔2500 m以下的各类湿地、水库、沟渠、水稻田和流速缓慢的溪流。国内广布于中部至南部地区；国外广布于亚洲热带和亚热带区域。全年可见。

六斑曲缘蜻 *Palpopleura sexmaculata* (Fabricius, 1787)

雄性复眼蓝灰色，面部黄色，额具深蓝色金属斑；胸部黄色具黑色斑纹，前翅透明，后翅大面积琥珀色，具大小不等的黑色斑纹；腹部宽阔并覆盖蓝色粉霜。雌性黄褐色，腹部具黑色条纹。体长 24 ~ 27 mm，腹长 14 ~ 16 mm，后翅 17 ~ 19 mm。

栖息于海拔 2500 m 以下的浅水湿地、渗流地、沟渠和水稻田。国内广布于南部地区；国外分布于阿富汗、孟加拉国、印度、斯里兰卡、尼泊尔、缅甸、泰国、老挝、越南、不丹、柬埔寨。全年可见。

① 六斑曲缘蜻 雌 严少华摄
② 六斑曲缘蜻 雄 严少华摄

① 黄蜻 左雌右雄 宋睿斌摄
② 黄蜻 雄 严少华摄

黄蜻 *Pantala flavescens* (Fabricius, 1798)

雄性复眼上方红褐色，下方蓝灰色，面部黄色；胸部黄褐色，翅透明，后翅基方稍染黄褐色；腹部背面红色，具黑褐色斑，其中第 8 ~ 10 节中央具较大的黑色斑。雌性身体黄褐色；完全成熟后翅稍染褐色；腹部土黄色，腹面随年纪增长逐渐覆盖白色粉霜。体长 49 ~ 50 mm，腹长 32 ~ 33 mm，后翅 39 ~ 40 mm。

栖息于海拔 3500 m 以下的各类静水环境，包括季节性水塘、渗流地、沟渠和水稻田。国内广布；国外除南极洲外全球广布。全年可见。

湿地狭翅蜻 *Potamarcha congener* (Rambur, 1842)

① 湿地狭翅蜻 雄 宋睿斌摄
② 湿地狭翅蜻 雌 宋睿斌摄

雄性复眼褐色，面部黄色，上额蓝黑色；胸部覆盖蓝色粉霜，翅透明；腹部第 1 ~ 3 节覆盖蓝色粉霜，第 4 ~ 10 节黑色具黄色条纹。雌性黄褐色具黑色条纹，腹部第 8 节侧缘具叶片状突起，年老的成虫覆盖蓝灰色粉霜。体长 43 ~ 45 mm，腹长 28 ~ 30 mm，后翅 32 ~ 33 mm。

栖息于海拔 1500 m 以下的湿地、水库和水稻田。国内分布于云南、福建、广东、广西、海南、香港、台湾；国外分布于南亚、东南亚、澳大利亚。全年可见。

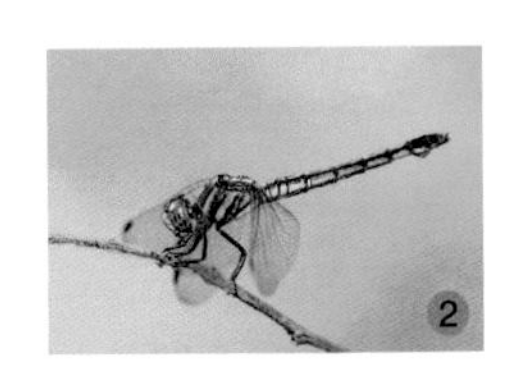

① 玉带蜻 雌
② 玉带蜻 雄 徐寒摄

玉带蜻 *Pseudothemis zonata* (Burmeister, 1839)

雄性复眼褐色，面部黑色，额白色；胸部黑褐色，侧面具黄色细条纹，翅透明，后翅基方具甚大的黑褐色斑；腹部主要黑色，第 2 ～ 4 节白色。雌性与雄性相似，腹部第 2 ～ 4 节黄色，第 5 ～ 7 节侧面具黄色斑。未熟的雄性与雌性色彩相似。体长 44 ～ 46 mm，腹长 29 ～ 31 mm，后翅 39 ～ 42 mm。

栖息于海拔2000 m以下较大的池塘和水库。国内广布；国外分布于朝鲜半岛、日本、老挝、越南。全年可见。

黑丽翅蜻 *Rhyothemis fuliginosa* Selys, 1883

通体蓝黑色具金属光泽；翅蓝黑色具蓝紫色或蓝绿色金属光色，前翅端方一半透明，后翅有时全黑色，有时端部有较小的透明区域。体长 31 ~ 36 mm，腹长 21 ~ 25 mm，后翅 31 ~ 36 mm。

栖息于海拔 500 m 以下水草茂盛的湿地。国内分布于北京、河北、河南、山东、江苏、湖北、安徽、浙江、福建、广东、台湾；国外分布于朝鲜半岛、日本。飞行期为 5—10 月。

① 黑丽翅蜻 雌 徐寒摄
② 黑丽翅蜻 雄 刘辉摄

① 曜丽翅蜻 雄
② 曜丽翅蜻 雌

曜丽翅蜻 *Rhyothemis plutonia* Selys, 1883

通体蓝黑色；翅蓝黑色具蓝紫色或蓝绿色金属光色，雄性前翅端部具甚小的透明区域，雌性前后翅端部透明。本种与黑丽翅蜻相似，但前翅末端具较小的透明区域。体长 31 ~ 35 mm，腹长 19 ~ 23 mm，后翅 29 ~ 31 mm。

栖息于海拔 500 m 以下水草茂盛的湿地。国内分布于云南、海南；国外广布于南亚、东南亚。飞行期为 3—12 月。

三角丽翅蜻 *Rhyothemis triangularis* Kirby, 1889

① 三角丽翅蜻 雄 温雨川摄
② 三角丽翅蜻 雌 严少华摄

身体蓝黑色；雄性翅基部具金属蓝色斑，雌性翅基部具金属黑色斑。体长 25 ~ 28 mm，腹长 16 ~ 17 mm，后翅 23 ~ 25 mm。

栖息于海拔 1000 m 以下水草茂盛的湿地。国内分布于云南、广西、广东、海南、福建、香港、台湾；国外广布于南亚、东南亚。飞行期为4—11 月。

① 斑丽翅蜻多斑亚种 雌
温雨川摄
② 斑丽翅蜻多斑亚种 雄
温雨川摄

斑丽翅蜻多斑亚种

Rhyothemis variegata arria Drury, 1773

身体黑绿色具金属光泽；雄性翅琥珀色具丰富的黑色斑，雌性前翅端部透明。本种翅上的斑纹变异较大。体长 37 ~ 42 mm，腹长 24 ~ 28 mm，后翅 35 ~ 39 mm。

栖息于海拔 500 m 以下的湿地。国内分布于云南、广西、广东、海南、福建、香港、台湾；国外分布于日本、越南。飞行期为 4—11 月。

半黄赤蜻 *Sympetrum croceolum* Selys, 1883

雄性头部、胸部和翅金褐色；腹部红色。雌性腹部黄褐色，下生殖板较突出。体长 37 ~ 48 mm，腹长 24 ~ 32 mm，后翅 28 ~ 35 mm。

栖息于海拔 1500 m 以下的湿地。国内除西北地区外全国广布；国外分布于朝鲜半岛、日本。飞行期为 6—11 月。

① 半黄赤蜻 雌
② 半黄赤蜻 雄 温雨川摄

① 夏赤蜻 雄 宋睿斌摄
② 夏赤蜻 雌 宋睿斌摄

夏赤蜻 *Sympetrum darwinianum* Selys, 1883

雄性面部红色；胸部背面红色，侧面黄褐色具黑色条纹，翅透明；腹部红色。雌性腹部橙红色，侧缘具黑色斑。北方的雄性胸部完全红色。体长 37 ~ 42 mm，腹长 25 ~ 28 mm，后翅 29 ~ 32 mm。

栖息于海拔 2000 m 以下的湿地和水稻田。国内除西北地区外全国广布；国外分布于朝鲜半岛、日本。飞行期为 6—11 月。

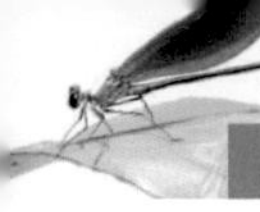

扁腹赤蜻 *Sympetrum depressiusculum* (Selys, 1841)

① 扁腹赤蜻 雄
② 扁腹赤蜻 雌

雄性面部黄色；胸部黄褐色，侧面具黑色细条纹，翅透明；腹部红色。雌性多型，腹部橙红色或土黄色，侧缘具较小的褐色斑。体长 27 ~ 40 mm，腹长 17 ~ 27 mm，后翅 22 ~ 30 mm。

栖息于海拔 1000 m 以下的湿地和水稻田。国内分布于黑龙江、吉林、辽宁、内蒙古、北京；国外分布于朝鲜半岛、日本、欧洲、西伯利亚。飞行期为 6—10 月。

① 竖眉赤蜻指名亚种 交尾
② 竖眉赤蜻指名亚种 雄

竖眉赤蜻指名亚种

Sympetrum eroticum eroticum (Selys, 1883)

雄性面部褐色，前额具1对黑色斑点；胸部初熟时黄色，老熟以后红褐色，具宽阔的肩条纹，翅透明；腹部红色。雌性多型，腹部有红色和黄褐色两种；翅透明，有时端部具褐色斑；下生殖板较长。体长33 ~ 40 mm，腹长23 ~ 28 mm，后翅25 ~ 30 mm。

栖息于海拔1000 m以下的湿地和水稻田。国内分布于黑龙江、吉林、辽宁、内蒙古、北京、河北、山西、山东、河南；国外分布于西伯利亚、朝鲜半岛、日本。飞行期为6—10月。

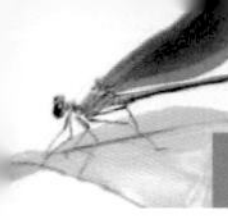

竖眉赤蜻多纹亚种

Sympetrum eroticum ardens (McLachlan, 1894)

本种与指名亚种非常近似，但合胸侧面具较多的黑色条纹。体长 40 ～ 44 mm，腹长 27 ～ 31 mm，后翅 31 ～ 32 mm。

栖息于海拔 2000 m 以下的湿地和水稻田。国内分布于安徽、湖北、湖南、四川、重庆、云南、贵州、浙江、福建、广东、台湾；国外分布于越南。飞行期为 6—12 月。

① 竖眉赤蜻多纹亚种 雌
宋睿斌摄

② 竖眉赤蜻多纹亚种 雄

① 方氏赤蜻 雄 徐寒摄
② 方氏赤蜻 雌 徐寒摄

方氏赤蜻 *Sympetrum fonscolombii* (Selys, 1840)

雄性面部红色；胸部红褐色，侧面具 2 条黄色条纹，翅透明，后翅基方具橙黄色斑；腹部红色，末端具黑色斑点。雌性黄色具黑色条纹。体长 35 ~ 41 mm，腹长 24 ~ 39 mm，后翅 26 ~ 32 mm。

栖息于海拔 2500 m 以下的湿地。国内除西北地区外全国广布；国外广布于亚洲、欧洲、非洲。飞行期为 5—12 月。

褐顶赤蜻 连结产卵 温雨川摄

褐顶赤蜻 *Sympetrum infuscatum* (Selys, 1883)

雄性身体深褐色，合胸侧面和腹部具黑色条纹；翅透明，翅端具褐色斑；年长的个体腹部红褐色。雌性体色较浅，胸部黄色，腹部黄褐色。体长 42 ~ 47 mm，腹长 29 ~ 32 mm，后翅 32 ~ 37 mm。

栖息于海拔 1500 m 以下的湿地。国内除西北地区外全国广布；国外分布于俄罗斯、朝鲜半岛、日本。飞行期为 6—10 月。

① 姬赤蜻 雌 宋睿斌摄
② 姬赤蜻 雄 宋睿斌摄

姬赤蜻 *Sympetrum parvulum* (Bartenev, 1913)

雄性面部白色；胸部黄褐色，合胸脊黑色，肩条纹黑色，甚阔，翅透明；腹部红色。雌性腹部橙红色。本种与竖眉赤蜻相似，但雄性肛附器和雌性下生殖板的构造不同。体长 32 ~ 34 mm，腹长 22 ~ 23 mm，后翅 25 ~ 26 mm。

栖息于海拔500 ~ 1500 m水草茂盛的湿地。国内分布于河南、湖北、湖南、贵州、重庆、福建、广东、台湾；国外分布于西伯利亚、朝鲜半岛、日本。飞行期为 6—10 月。

李氏赤蜻 *Sympetrum risi* Bartenev, 1914

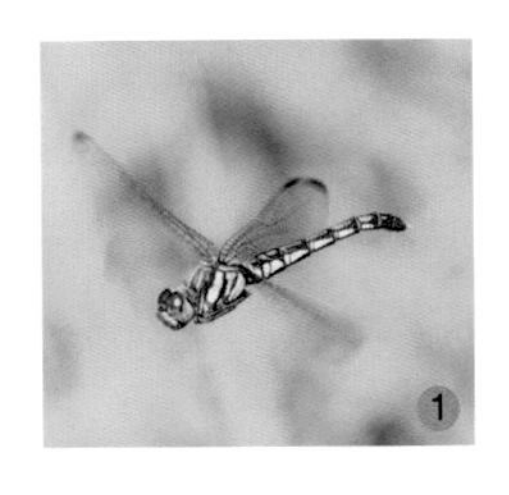

雄性面部黄色；胸部黄褐色，侧面具黑色条纹，翅透明，端部具褐色斑；腹部红色，侧缘具黑色斑纹。雌性多型，腹部红色或黄色。体长 37 ~ 45 mm，腹长 25 ~ 31 mm，后翅 29 ~ 35 mm。

栖息于海拔 2000 m 以下的湿地和水稻田。国内分布于黑龙江、吉林、辽宁、四川、贵州、湖北、湖南、浙江、福建、广东；国外分布于西伯利亚、朝鲜半岛、日本。飞行期为 6—12 月。

① 李氏赤蜻 雌 宋睿斌摄
② 李氏赤蜻 雄 宋睿斌摄

① 黄基赤蜻指名亚种 雄
宋睿斌摄
② 黄基赤蜻指名亚种 雌
刘辉摄

黄基赤蜻指名亚种

Sympetrum speciosum speciosum Oguma, 1915

雄性面部红色；胸部大面积红色具黑色条纹，翅大面积透明，后翅基方具甚大的琥珀色斑；腹部红色。雌性胸部黄褐色，腹部橙红色具黑色斑点。体长 42 ~ 44 mm，腹长 26 ~ 28 mm，后翅 34 ~ 35 mm。

栖息于海拔 2000 m 以下挺水植物匮乏的池塘和水库。国内除西北地区外全国广布；国外分布于朝鲜半岛、日本、越南。飞行期为 6—10 月。

条斑赤蜻指名亚种

Sympetrum striolatum striolatum (Charpentier, 1840)

雄性面部红色；胸部红褐色，翅透明，翅脉金黄色；腹部红色，末端具黑色斑。雌性多型，腹部红色或黄色。体长 36 ~ 45 mm，腹部 22 ~ 31 mm，后翅 25 ~ 32 mm。

栖息于海拔 2000 m 以下水草茂盛的湿地和山区的开阔小溪。国内分布于黑龙江、吉林、辽宁、内蒙古、新疆、北京、山东、山西、河南、陕西、四川；国外分布于从欧洲至日本的欧亚大陆温带区域。飞行期为 6—10 月。

① 条斑赤蜻指名亚种 雄
② 条斑赤蜻指名亚种 雌

① 宽翅方蜻 雌 宋睿斌摄
② 宽翅方蜻 雄 宋睿斌摄

宽翅方蜻 *Tetrathemis platyptera* Selys, 1878

雄性复眼蓝绿色，面部黄色，额具金属蓝黑色斑；胸部黑色具肩前条纹，侧面具 2 条宽阔的黄条纹，翅透明，后翅基方具甚大的琥珀色斑；腹部黑色具黄色斑点。雌性与雄性相似，但后翅色斑面积更大，腹部更粗壮。体长 27 ~ 30 mm，腹长 17 ~ 19 mm，后翅 21 ~ 24 mm。

栖息于海拔 1500 m 以下的水潭和池塘。国内分布于云南、安徽、江苏、浙江、福建、广东、广西、海南；国外分布于印度、缅甸、泰国、老挝、柬埔寨、越南、马来西亚、印度尼西亚。飞行期为 5—10 月。

云斑蜻 *Tholymis tillarga* (Fabricius, 1798)

雄性身体红色；翅透明，后翅具1个乳白色斑和1个褐色斑。雌性黄褐色，后翅具褐色斑。体长42 ~ 47 mm，腹长29 ~ 32 mm，后翅33 ~ 35 mm。

栖息于海拔1500 m以下的湿地。国内分布于云南、福建、广东、广西、海南、香港、台湾；国外广布于亚洲、非洲、大洋洲。全年可见。

① 云斑蜻 雌
② 云斑蜻 雄 袁屏摄

海神斜痣蜻微斑亚种 雄

海神斜痣蜻微斑亚种 *Tramea transmarina euryale* (Selys, 1878)

雄性面部红褐色，额具较小的黑色斑；胸部深褐色，后翅基方具较小的黑褐色斑；腹部红色，第 8 ~ 10 节具黑色斑。雌性与雄性相似，但面部黄褐色，后翅基方色斑甚小，腹部橙红色。体长 50 ~ 52 mm，腹长 33 ~ 34 mm，后翅 41 ~ 43 mm。

栖息于海拔 1000 m 以下的湿地。国内分布于云南、广东、海南、香港、台湾；国外分布于东南亚、日本。全年可见。

华斜痣蜻 *Tramea virginia* (Rambur, 1842)

① 华斜痣蜻 雄 严少华摄

② 华斜痣蜻 雌 严少华摄

雄性面部红褐色；胸部褐色，翅稍染烟色，后翅臀区具较大的红褐色斑；腹部红色，第 8 ~ 10 节具黑色斑。雌性身体黄褐色，后翅臀区具较大的褐色斑。体长 53 ~ 56 mm，腹长 36 ~ 38 mm，后翅 43 ~ 48 mm。

栖息于海拔 1500 m 以下的湿地。国内除西北地区外全国广布；国外分布于朝鲜半岛、日本、东南亚。全年可见。

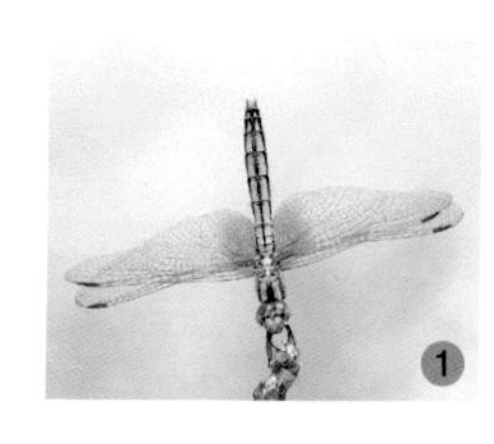

① 晓褐蜻 雌 刘辉摄
② 晓褐蜻 雄 严少华摄

晓褐蜻 *Trithemis aurora* (Burmeister, 1839)

雄性身体粉红色；翅脉粉红色，后翅基方具甚大的褐色斑。雌性黄色具黑色条纹，后翅基方具黄褐色斑。体长 33 ~ 35 mm，腹长 22 ~ 24 mm，后翅 27 ~ 29 mm。

栖息于海拔 2000 m 以下的湿地和流速缓慢的河流。国内除东北地区外全国广布；国外分布于日本、南亚、东南亚。全年可见。

庆褐蜻 *Trithemis festiva* (Rambur, 1842)

雄性面部褐色，额蓝黑色具金属光泽；胸部覆盖蓝色粉霜，翅透明，后翅基方具褐色斑；腹部黑色，第1～3节背面覆盖蓝色粉霜，第4～6节背面有时具黄色斑点。雌性黄褐色具黑色条纹，后翅基方稍染琥珀色。体长36～38 mm，腹长24～26 mm，后翅30～32 mm。

栖息于海拔2500 m以下的湿地和流速缓慢的河流。国内广布于华南和西南地区；国外分布于南亚、东南亚、欧洲。全年可见。

① 庆褐蜻 雌 吴宏道摄
② 庆褐蜻 雄 宋睿斌摄

① 赤斑曲钩脉蜻指名亚种 雄
严少华摄
② 赤斑曲钩脉蜻指名亚种 雌
宋睿斌摄

赤斑曲钩脉蜻指名亚种

Urothemis signata signata (Rambur, 1842)

雄性面部红褐色；胸部红褐色，翅基方具红褐色斑；腹部红色，第 8 ~ 9 节背面具黑色斑。雌性多型，面部黄色；胸部黄色或黄褐色，翅基方具褐色或黄色斑；腹部黄色或橙红色，背面具黑色斑。体长 47 ~ 48 mm，腹长 31 ~ 32 mm，后翅 40 ~ 41 mm。

栖息于海拔 500 m 以下水草茂盛的湿地和流速缓、河岸水葫芦滋生的河流。国内分布于广东、广西、海南、香港；国外分布于南亚、东南亚。飞行期为 3—11 月。

彩虹蜻 交尾

彩虹蜻 *Zygonyx iris insignis* Kirby, 1900

面部具蓝紫色金属光泽；胸部绿黑色具金属光泽，合胸具黄色的肩条纹，侧面具 2 条黄色条纹，随年纪增长黄条纹逐渐加深变成褐色，翅稍染褐色；腹部黑色，第 1 ~ 3 节侧面具黄色斑，第 3 ~ 7 节背面中央具黄色条纹。体长 57 ~ 61 mm，腹部 38 ~ 43 mm，后翅 48 ~ 52 mm。

栖息于海拔 1500 m 以下的开阔溪流。国内分布于云南、贵州、福建、广东、广西、海南、香港；国外分布于南亚、东南亚。全年可见。

① 细腹开臀蜻 雌
② 细腹开臀蜻 雄

细腹开臀蜻 *Zyxomma petiolatum* Rambur, 1842

复眼黄绿色；胸部深褐色，翅褐色，有时翅端具褐色斑；腹部第 1 ~ 3 节较宽阔，第 4 ~ 10 节甚细。体长 50 ~ 52 mm，腹长 38 ~ 39 mm，后翅 32 ~ 33 mm。

栖息于海拔 500 m 以下的池塘。国内分布于云南、福建、广东、广西、海南、香港、台湾；国外分布于南亚、东南亚、大洋洲。飞行期为 3—12 月。

主要参考文献 References

[1] 崔晓东，吴宏道，陈红锋，等．中国南昆山蜻蜓 [M]. 北京：中国林业出版社，2014.

[2] 隋敬之，孙洪国．中国习见蜻蜓 [M]. 北京：农业出版社，1986.

[3] 谭子慧，梁嘉景，关世平，等．香港蜻蜓 [M]. 香港：郊野公园之友会和天地图书有限公司，2011.

[4] 王治国．河南蜻蜓志 [M]. 郑州：河南科学技术出版社，2007.

[5] 汪仲良．台湾蜻蜓 [M]. 台北：人人月历股份有限公司，2000.

[6] 韦庚武，张浩淼．蜻蜓之地，海南蜻蜓图鉴 [M]. 北京：中国林业出版社，2015.

[7] 韦敬辉．香港蜻蜓图鉴 [M]. 香港：渔农自然护理署，2004.

[8] 吴宏道．惠州蜻蜓 [M]. 北京：中国林业出版社，2012.

[9] 张浩淼．中国蜻蜓大图鉴 [M]. 重庆：重庆大学出版社，2019.

[10] 赵修复．中国棍腹蜻蜓分类的研究 I [J]. 昆虫学报，1953，3(4)：375-434.

[11] 赵修复．中国棍腹蜻蜓分类的研究 IV [J]. 昆虫学报，1954，4(4)：399-426.

[12] 赵修复．中国棍腹蜻蜓分类的研究 V [J]. 昆虫学报，1955，5(1)：71-103.

[13] 赵修复．中国箭蜓分类的研究，VI（蜻蜓目：箭蜓科）[J]. 昆虫分类学报，1982，4(4)：287-298.

[14] 赵修复．中国箭蜓地理分布的研究（蜻蜓目：箭蜓科）[J]. 武

夷科学，1983，3：97-108.

[15] 赵修复．中国春蜓分类 [M]. 福州：福建科技出版社，1990.

[16] 赵修复．1955-1957 中苏考察云南蜻蜓标本鉴定纪录 [J]. 武夷科学，1994，11：65-72.

[17] 赵修复．中国裂唇蜓科记述附二新种描述及一已知种雄性首次记载（蜻蜓目：裂唇蜓科）[J]. 武夷科学，1999，15：1-11.

[18] 周文豹．中国箭蜓科新记录 [J]. 昆虫分类学报，1987 (2)：128-132.

[19] 周文豹．中国蜻科三新记录种 [J]. 昆虫分类学报，1988 (3-4)：190.

[20] 周文豹．中国蜻蜓目四新记录种和亚种 [J]. 昆虫分类学报，1988 (3-4)：274.

[21] 朱慧倩，陈思．中国北京地区弓蜻属一新种（蜻蜓目：伪蜻科）[J]. 昆虫分类学报，2005，27(3)：161-164.

[22] 朱慧倩，张筱秀．中国山西省黑额蜓属一新种（蜻蜓目：蜓科）[J]. 武夷科学，2001，17：6-9.

[23] ASAHINA S. Notes on Chinese Odonata, Ⅰ [J]. Kontyû, 1966, 34(2): 131-135.

[24] ASAHINA S. Notes on Chinese Odonata, Ⅱ [J]. Kontyû, 1969, 37(2): 192-201.

[25] ASAHINA S. Notes on Chinese Odonata, Ⅲ [J]. Kontyû, 1970, 38(3): 198-204.

[26] ASAHINA S. Notes Chinese Odonata, Ⅶ. Further studies on the Graham Collection preserved in the U.S. National Museum of Natural History, Suborder Anisoptera [J]. Kontyû, 1978, 46(2): 234-252.

[27] ASAHINA S. Notes on Chinese Odonata, Ⅸ. Kellogg collection in the U.S. National Museum of Natural History [J]. Tombo, 1978,

21(1/4): 2-14.

[28] CARLE F L, KJER K M, May M L. A molecular phylogeny and classification of Anisoptera (Odonata) [J]. Arthropod Systematics & Phylogeny, 2015, 73(2): 281-301.

[29] CORBET P. Dragonflies: Behavior and Ecology of Odonata [M]. Ithaca: Cornell University Press, 1999.

[30] DAVIES D A L, TOBIN P. The Dragonflies of the World: A Systematic list of the extant species of Odonata. Vol.1. Zygoptera, Anisozygoptera [M]. Utrecht: Societas Internationalis Odonatologica Rapid Communications (Supplements) No.3, 1984.

[31] DAVIES D A L, TOBIN P. The Dragonflies of the World: A Systematic list of the extant species of Odonata. Vol.2. Anisoptera [M]. Utrecht: Societas Internationalis Odonatologica Rapid Communications (Supplements) No.5, 1985.

[32] DIJKSTRA K-D B, BECHY G, BYBEE S M, et al. The classification and diversity of dragonflies and damselflies (Odonata) [J]. Zootaxa, 2013, 3703 (1), 36-45.

[33] DIJKSTRA K-D B, KALKMAN V J, DOW R A, et al. Redefining the damselfly families: a comprehensive molecular phylogeny of Zygoptera (Odonata) [J]. Systematic Entomology, 2014, 39: 68-96.

[34] GARRISON R W, CORDERO-RIVERA A, ZHANG H M. Odonata collected in Hainan and Guangdong Provinces, China in 2014 [J]. Faunistic Studies in Southeast Asian and Pacific Island Odonata. Journal of the International Dragonfly Fund, 2015, 12: 1-62.

[35] GUAN Z Y, HAN B P, VIERSTRAETE A, et al. Additions and refinements to the molecular phylogeny of the Calopteryginae s.l. (Zygoptera: Calopterygidae) [J]. Odonatologica, 2012, 40(1): 17-24.

[36] HÄMÄLÄINEN M, REELS G T, ZHANG H M. Description of *Aristocypha aino* sp. nov. from Hainan, with notes on the related species (Zygoptera: Chlorocyphidae) [J]. Tombo, 2009, 51: 16-22.

[37] HÄMÄLÄINEN M, YU X, ZHANG H M. Descriptions of *Matrona oreades* spec. nov. and *Matrona corephaea* spec. nov. from China (Odonata: Calopterygidae) [J]. Zootaxa, 2011, 2830: 20-28.

[38] KARUBE H. Notes on the Chinese *Planaeschna* (Odonata: Aeshnidae) deposited in the Natural History Museum, London with description of a new species from southern China [J]. Tombo, 2002, 44: 1-5.

[39] LINNAEUS C. Systema Naturae per regna tria naturae, secundum classes, ordines, genera, species, cum characteribus, differentiis, synonymis, locis [M]. Laurentii Salvii, Holmiae: Editio Decima, Reformata. Tomus I, 1758.

[40] NEEDHAM J G. A manual of the dragonflies of China. A monographic study of the Chinese Odonata [Zoologia Sinica, Series A. Invertebrates of China, Volume Ⅺ, Fascicle 1.] [M]. Peiping: The Fan Memorial Institute of Biology, 1930.

[41] SCHORR M, PAULSON D. World Odonata List. [2018-09-30]. http: //www.pugetsound.edu/academics/academic-resources/slater-museum/biodiversity-resources/dragonflies/world-odonata-list.

[42] WILSON K D P. Odonata of Guangxi Zhuang Autonomous Region, China, part Ⅱ: Anisoptera [J]. International Journal of Odonatology, 2005, 8(1): 107-168.

[43] WILSON K D P, REELS G T. Odonata of Hainan, China [J]. Odonatologica, 2001, 30 (2), 145-208.

[44] WILSON K D P, REELS G T. Odonata of Guangxi Zhuang Autonomous Region, China, part I: Zygoptera [J]. Odonatologica, 2003, 32(3): 237-279.

[45] WILSON K D P, XU Z F. Odonata of Guangdong, Hong Kong and

Macau, South China, part 1: Zygoptera [J]. International Journal of Odonatology, 2007, 10(1): 87-128, pls. Ⅰ- Ⅷ excl.

[46] WILSON K D P, XU Z F. Aeshnidae of Guangdong and Hong Kong (China), with the descriptions of three new *Planaeschna* species (Anisoptera) [J]. Odonatologica, 2008, 37(4): 329-360.

[47] WILSON K D P, XU Z F. Gomphidae of Guangdong & Hong Kong, China (Odonata: Anisoptera) [J]. Zootaxa, 2009, 2177: 1-62.

[48] YU X, XUE J, HÄMÄLÄINEN M, et al. A revised classification of the genus *Matrona* Selys, 1853 using molecular and morphological methods (Odonata: Calopterygidae) [J]. Zoological Journal of the Linnean Society, 2015, 174(3): 473-486.

[49] ZHANG H M. The Superfamily Calopterygoidea in South China: taxonomy and distribution. Progress Report for 2009 surveys [J]. International Dragonfly Fund-Report, 2010, 26: 1-36.

[50] ZHANG H M. Karst Forest Odonata from Southern Guizhou, China [J]. International Dragonfly Fund-Report, 2011, 37: 1-35.

[51] ZHANG H M. Odonata fauna of Dai-Jingpo Autonomous Prefecture of Dehong in the western part of the Yunnan Province, China-a brief personal balance from seven years of surveys and workshop report on current studies [J]. International Dragonfly Fund-Report, 2017, 103: 1-49.

[52] ZHANG H M & CAI Q H. Description of *Chlorogomphus auripennis* spec. nov. from Guangdong Province, with new records of Chlorogomphidae from Yunnan Province, China (Odonata: Chlorogomphidae) [J]. Zootaxa, 2014, 3790 (3): 477-486.

[53] ZHANG H M, GUAN Z Y, WANG W Z. Updated information on genus *Gomphidictinus* (Odonata: Gomphidae) in China with description of *Gomphidictinus tongi* sp. nov. [J]. Zootaxa, 2017, 4344 (2): 321-332.

[54] ZHANG H M, KALKMAN V J, TONG X L. A synopsis of the

genus *Philosina* with descriptions of the larvae of *P. alba* and *P. buchi* (Odonata: Megapodagrionidae) [J]. International Journal of Odonatology, 2011, 14(1): 55-68.

[55] ZHANG H M, KOSTERIN O E, CAI Q H. New species and records of *Burmagomphus* Williamson, 1907 (Odonata, Gomphidae) from China [J]. Zootaxa, 2015, 3999 (1): 062-078.

[56] ZHANG H M, TONG X L. Chlorogomphinae dragonflies of Guizhou Province (China) with first descriptions of *Chlorogomphus tunti* Needham and *Watanabeopetalia usignata* (Chao) larvae (Anisoptera: Cordulegastridae) [J]. Odonatologica, 2010, 39 (4): 341-352.

致 谢 Acknowledgements

蜻蜓学的发展经历了两百多年的风霜，一直在艰难中求生存。这是一个小众的研究领域但极为顽强，因为延续它生命的人都充满热爱和激情、为之奋斗并奉献一生。在全世界蜻蜓学圈子中多数人都已年过六旬，但他们仍然坚守在一线，不畏岁月，奔跑在野外。我很幸运，也很骄傲拥有这样一份可以让我用一生去爱护和拼搏的工作。尤其感谢中国科学院昆明动物研究所遗传资源与进化国家重点实验室、生命条形码南方中心为蜻蜓研究提供的优越平台，以及研究所领导对我个人工作的肯定和支持。

感谢多位昆虫学专家对书稿的细致审阅，尤其感谢杨星科研究员为本书作推荐序。感谢我的多位老师、同行、朋友以及各自然保护区的工作人员，在蜻蜓考察期间给予的鼎力支持。

本书选用了大量蜻蜓爱好者的精彩摄影作品。作者本人拍摄的照片省略了姓名标注，其他来源的照片均标注了图片作者。特别感谢无偿提供照片的摄影师们：莫善濂、吴宏道、宋黎明、宋睿斌、金洪光、秦彧、陈炜、安迪、袁屏、刘辉、严少华、吕非、王尚鸿、许明岗、张运磊、缪松、徐寒、王铁军、温雨川、姜科。

感谢制作团队，向来自出版社和设计公司的每一位成员致敬：张巍巍（顾问）、李元胜（顾问）、梁涛（责任编辑）、周娟（总设计师）、何欢欢（设计师）、刘玲（版式设计师）、钟琛（封面设计师）。